全国中等职业学校　培养复合型技能人才系列教材
全国技工院校

铣工知识与技能（初级）

（第二版）

人力资源社会保障部教材办公室　组织编写

中国劳动社会保障出版社

简介

本书主要内容包括铣削加工基本知识和基本技能，连接面的铣削，台阶、直角沟槽和键槽的铣削，切断和特形沟槽的铣削，利用万能分度头铣削等。本书由孙喜兵任主编，徐小燕任副主编，史永利、陆齐炜、梁益华、李波参加编写，崔兆华任主审。

图书在版编目（CIP）数据

铣工知识与技能：初级 / 人力资源社会保障部教材办公室组织编写 . -- 2 版 . -- 北京：中国劳动社会保障出版社，2022

全国中等职业学校、全国技工院校培养复合型技能人才系列教材

ISBN 978-7-5167-5622-5

Ⅰ . ①铣…　Ⅱ . ①人…　Ⅲ . ①铣削 - 中等专业学校 - 教材　Ⅳ . ①TG54

中国版本图书馆 CIP 数据核字（2022）第 217292 号

中国劳动社会保障出版社出版发行

（北京市惠新东街 1 号　邮政编码：100029）

*

北京谊兴印刷有限公司印刷装订　新华书店经销

787 毫米 ×1092 毫米　16 开本　14.75 印张　296 千字

2022 年 12 月第 2 版　　2022 年 12 月第 1 次印刷

定价：29.00 元

营销中心电话：400-606-6496

出版社网址：http://www.class.com.cn

http://jg.class.com.cn

前　言

为了更好地适应全国技工院校机械类专业的教学要求，全面提升教学质量，人力资源社会保障部教材办公室组织有关学校的一线教师和行业、企业专家，在充分调研企业生产和学校教学情况、广泛听取教师对教材使用反馈意见的基础上，对全国技工院校培养复合型技能人才系列教材进行了修订和补充开发。本次修订（新编）的教材包括：《钳工知识与技能（初级）（第二版）》《车工知识与技能（初级）》《铣工知识与技能（初级）（第二版）》《磨工知识与技能（初级）（第二版）》《焊工知识与技能（初级）（第二版）》《电工知识与技能（初级）》等。

本次教材修订（新编）工作的重点主要体现在以下几个方面：

第一，合理更新教材内容。

根据机械类专业毕业生所从事岗位的实际需要和教学实际情况的变化，合理确定学生应具备的能力与知识结构，对部分教材内容及其深度、难度做了适当调整；根据相关专业领域的最新发展，在教材中充实新知识、新技术、新设备、新材料等方面的内容，体现教材的先进性；采用最新国家技术标准，使教材更加科学和规范。

第二，紧密衔接国家职业技能标准要求。

教材编写以国家职业技能标准《钳工（2020年版）》《车工（2018年版）》《铣工（2018年版）》《磨工（2018年版）》《焊工（2018年版）》《电工（2018年版）》等为依据，涵盖国家职业技能标准（初级）的知识和技能要求。

第三，精心设计教材形式。

在教材内容的呈现形式上，尽可能使用图片、实物照片和表格等形式将知识点生动地展示出来，力求让学生更直观地理解和掌握所学内容。在教材插图的制作中采用了立体造型技术，同时部分教材在印刷工艺上采用了四色印刷，增强了教材的表现力。

第四，进一步做好教学服务工作。

本套教材配有习题册和方便教师上课使用的电子课件，可以通过技工教育网（http://jg.class.com.cn）下载电子课件等教学资源。另外，在部分教材中使用了二维码技术，针对教材中的教学重点和难点制作了动画、视频、微课等多媒体资源，学生使用移动终端扫描二维码即可在线观看相应内容。

本次教材的修订（新编）工作得到了江苏、山东、河南等省人力资源和社会保障厅及有关学校的大力支持，在此我们表示诚挚的谢意。

人力资源社会保障部教材办公室

2020 年 11 月

目　录

第一单元
铣削加工基本知识和基本技能

1. 能描述铣床种类及工作内容、常用铣床各部分名称和用途、铣床的型号。
2. 能进行常用铣床的基本操作和日常维护保养。
3. 能够合理选择常用铣刀并能正确装拆，能够正确使用铣床通用夹具和专用夹具。
4. 能描述铣削方法、铣削方式的概念并进行合理的选择。
5. 能描述切削用量的基本概念并进行相关的选择和计算。
6. 能根据加工情况合理选择切削液。

课题一 铣削加工基本知识

一、铣削加工工作场地

1. 认识铣削加工工作场地

在铣削加工工作场地中常用不同的颜色来划分作业区和安全通道，如图 1-1 所示。

图 1-1 铣削加工工作场地

2. 防护用品的穿戴要求

进入工作场地应仔细阅读车间安全操作规程，穿好工作服、工作鞋（劳保鞋），长发女工戴好工作帽，如图1-2所示。

图1-2　工作服、工作鞋、工作帽的穿戴

禁止戴围巾，穿裙子、背心、拖鞋、凉鞋、高跟鞋、短裤等进入车间，如图1-3所示。

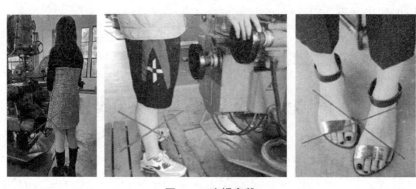

图1-3　违规穿戴

二、铣削加工基本内容

机械零件一般都是由毛坯通过各种不同方法的加工而达到所需形状和尺寸的。铣削加工是最常用的切削加工方法之一。

用旋转的铣刀在工件上切削各种表面或沟槽的方法称为铣削，就是以铣刀旋转作主运动，工件或铣刀作进给运动的切削加工方法，铣削过程中的进给运动可以为直线运动，也可以为曲线运动，如图1-4所示。因此，铣削的加工范围比较广，生产效率和加工精度也较高。铣床加工基本内容如图1-5所示。

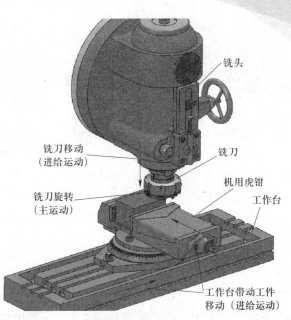

铣头

铣刀移动
（进给运动）

铣刀

机用虎钳

工作台

铣刀旋转
（主运动）

工作台带动工件
移动（进给运动）

图 1-4　铣削加工

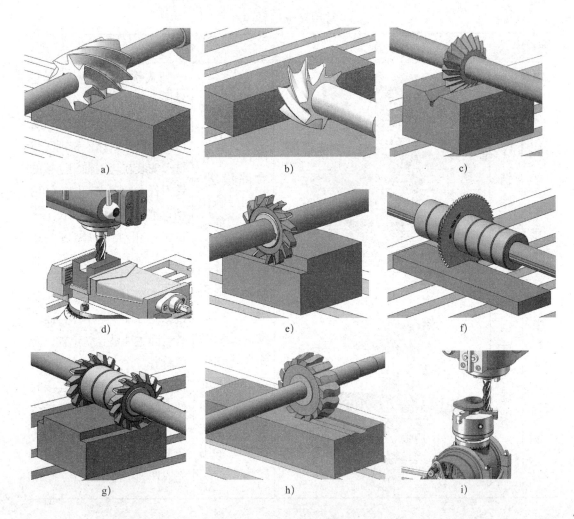

a)

b)

c)

d)

e)

f)

g)

h)

i)

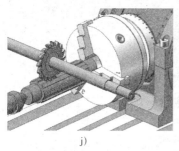  

j)　　　　　　　　　k)　　　　　　　　　l)

图 1-5　铣床加工基本内容

a）圆柱铣刀铣平面　b）面铣刀铣平面　c）铣 V 形槽　d）铣直角沟槽　e）铣台阶　f）切断
g）组合铣刀铣两侧面　h）铣特形面　i）铣凸轮　j）铣花键轴　k）铣齿轮　l）铣螺旋槽

三、常用铣床

1. 常用铣床的种类

铣床的工作范围非常广，类型也很多，现将常用铣床的种类做简要介绍，见表 1-1。

表 1-1　　　　　　　　　　常用铣床的种类

铣床种类		图示	铣床功能及特点
升降台铣床	卧式铣床	升降台铣床的主要特征是带有升降台。工作台除沿纵、横向导轨做左右、前后运动外，还可沿升降导轨随升降台做上下运动。这类铣床用途广泛，加工范围广，通用性强，是铣削加工常用铣床	卧式铣床的主要特征是铣床主轴轴线与工作台面平行。因主轴呈横卧位置，所以称作卧式铣床。铣削时将铣刀安装在与主轴相连接的铣刀杆上，随主轴做旋转运动，被切削工件装夹在工作台上，相对铣刀做进给运动，从而完成切削工作
	立式铣床		立式铣床的主要特征是铣床主轴轴线与工作台面垂直。因主轴呈竖立位置，所以称作立式铣床。铣削时，铣刀安装在与主轴相连接的铣刀杆上，绕主轴做旋转运动，被切削工件装夹在工作台上，相对铣刀运动，从而完成切削工作

续表

铣床种类		图示	铣床功能及特点
多功能铣床	万能摇臂铣床	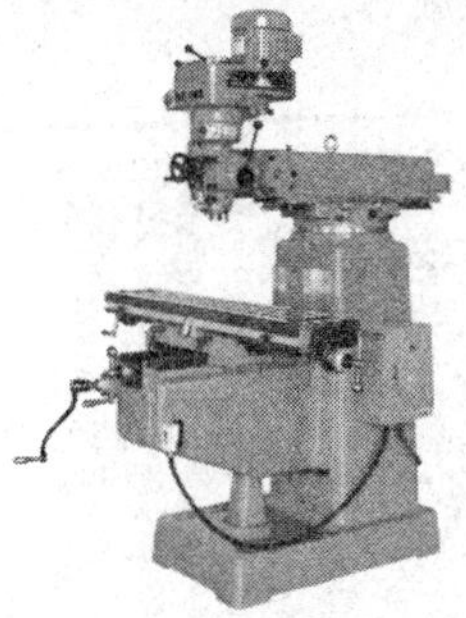	万能摇臂铣床的特点是具有广泛的性能。这种铣床能进行以铣削为主的多种切削加工，可以进行立铣、卧铣、镗、钻、磨、插等加工，适用于维修零件、工具和制造模具等。该机床结构紧凑，操作灵活，加工范围广，是一种典型的多功能铣床
	万能工具铣床		万能工具铣床的工作台不仅可以做三个方向直线运动，还可以做多方向回转，特别适用于加工刀具、量具等较复杂的小型零件，具有附件配备齐全、用途广泛等特点
龙门铣床		 四轴龙门铣床	龙门铣床是一类无升降台的铣床，属于大型铣床。铣削动力头（铣头）安装在龙门导轨上，可做横向和垂向运动；工作台安装在固定床身上，仅做纵向移动。龙门铣床根据铣削动力头的数量分单轴、双轴、四轴等多种形式。左图是一台四轴龙门铣床。铣削时，若同时安装四把铣刀，可同时铣削工件的几个表面，工作效率高，适宜加工大型箱体类工件，如机床床身表面等
数控铣床和加工中心		 立式加工中心	数控铣床有卧式、立式、固定台座式和龙门铣床等多种类型，专用的数控铣床有数控曲轴铣床、数控螺纹铣床等，一般是三轴联动，也有两轴半联动、摆角功能、四轴和五轴联动的。左图所示的机床是带有刀库的加工中心，可自动换刀进行铣、镗等加工。数控铣床和加工中心适用于加工各种精度较高的零件和一般铣床不能加工的复杂轮廓及立体曲面

2. 识读铣床型号

铣床的种类与型号很多，要认识这些铣床，首先要从识读铣床的铭牌入手。图 1-6 所示是某铣床的铭牌，它标明了铣床的型号和主要参数等。

图 1-6　某铣床的铭牌

机床的型号是机床产品的代号，用以简明地表示机床的类别、结构特性等。根据 GB/T 15375—2008《金属切削机床　型号编制方法》的规定，我国将通用机床按工作原理划分为 11 类。通用机床的型号表示方法如下：

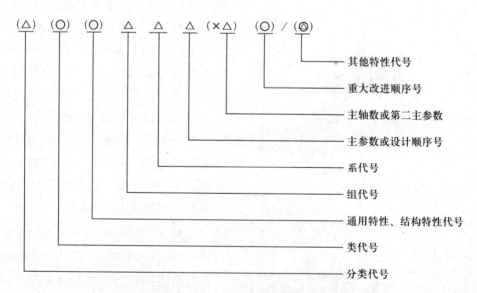

注1：有"（　）"的代号或数字，当无内容时，则不表示。若有内容则不带括号。
注2：有"○"符号的，为大写的汉语拼音字母。
注3：有"△"符号的，为阿拉伯数字。
注4：有"◎"符号的，为大写的汉语拼音字母，或阿拉伯数字，或两者兼有之。

简化后，我们可以看出铣床的型号包括以下几个方面：

（1）机床的类代号

机床的类代号，用大写的汉语拼音字母表示。铣床的类代号是"X"，读作"铣"。所以当我们看到机床的铭牌上第一位字母标有"X"时，即可知道该机床为铣床。

（2）机床的通用特性、结构特性代号

机床铭牌的第二位字母反映机床的通用特性及结构上的特点。通用特性代号有着统一固定的含义，见表1-2。

表1-2　　　　　　　　　　机床的通用特性代号

通用特性	高精度	精密	自动	半自动	数控	加工中心（自动换刀）	仿形	轻型	加重型	柔性加工单元	数显	高速
代号	G	M	Z	B	K	H	F	Q	C	R	X	S
读音	高	密	自	半	控	换	仿	轻	重	柔	显	速

（3）铣床的组、系代号

铣床分为10个组，每个组又分为10个系（系列）。铣床的组别代号见表1-3。

表1-3　　　　　　　　　　铣床的组别代号

组别名称	仪表铣床	悬臂及滑枕铣床	龙门铣床	平面铣床	仿形铣床	立式升降台铣床	卧式升降台铣床	床身铣床	工具铣床	其他铣床
组别代号	0	1	2	3	4	5	6	7	8	9

（4）铣床的主参数

铣床型号中的主参数通常用工作台面宽度除以10或者100后得到折算值，折算值大于1时取整数，前面不加"0"；折算值小于1时，则取小数点后第一位，并在前面加"0"；但也有部分铣床的主参数直接用工作台面宽度表示，见表1-4。

3. 典型铣床结构

（1）X5032型立式万能升降台铣床

X5032型立式万能升降台铣床是立式铣床中一种广泛应用的机床，通常可以应用面铣刀、立铣刀、成形铣刀等铣削各种沟槽和表面；另外，利用机床附件，如回转工作台、分度头，还可以加工圆弧、曲线外形、螺旋槽、齿轮、离合器等较复杂的零件；当生产批量较大时，采用硬质合金刀具进行高速铣削，可以大大提高生产效率，X5032型立式万能升降台铣床是机械制造、模具、仪器、仪表、汽车、摩托车等行业的常用加工设备，如图1-7所示。

表 1-4 常用铣床的组、系代号及其主参数

组		系		主参数		典型铣床
代号	名称	代号	名称	折算系数	名称	
5	立式升降台铣床	0	立式升降台铣床	1/10	工作台面宽度	X5032
		1	立式升降台镗铣床			
		2	摇臂铣床			
		3	万能摇臂铣床			
		4	摇臂镗铣床			
		5	转塔升降台铣床			
		6	立式滑枕升降台铣床			
		7	万能滑枕升降台铣床			
		8	圆弧铣床			
		9				
6	卧式升降台铣床	0	卧式升降台铣床	1/10	工作台面宽度	X6132
		1	万能升降台铣床			
		2	万能回转头铣床			
		3	万能摇臂铣床			X6325
		4	卧式回转头铣床			
		5				
		6	卧式滑枕升降台铣床			
		7				
		8				
		9				

续表

组		系		主参数		典型铣床
代号	名称	代号	名称	折算系数	名称	
8	工具铣床	0				
		1	万能工具铣床	1/10	工作台面宽度	
		2				
		3	钻头铣床	1	最大钻头直径	
		4				
		5	立铣刀槽铣床	1	最大铣刀直径	
		6				
		7				
		8				
		9				

X8130

注：表格中系代号和名称有阴影的为最常用铣床。

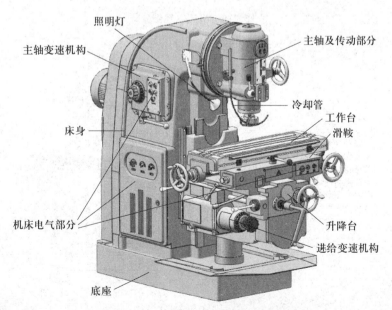

照明灯
主轴变速机构
主轴及传动部分
冷却管
工作台
滑鞍
床身
机床电气部分
升降台
进给变速机构
底座

图 1-7 X5032 型立式万能升降台铣床

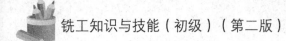

1）机床电气部分如图 1-8 所示。

2）床身如图 1-9 所示。

3）主轴变速机构。主轴变速机构位于床身左侧，如图 1-10 所示。其功能是将主电动机的额定转速（1 450 r/min）通过齿轮变速转换成 30～1 500 r/min 的 18 种不同转速，以适应不同铣削加工速度要求。

4）底座。底座如图 1-11 所示，其结构为空腔，除用来支承床身外，还用来盛储切削液。

5）主轴及传动部分。主轴用来装夹立铣刀，主轴进给手柄可控制主轴沿自身轴线在 0～70 mm 范围内做手动进给；立铣头可在与主轴垂直的平面内做 ±45° 范围内偏转。主轴及传动部分如图 1-12 所示。

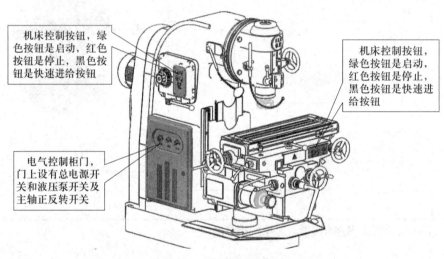

图 1-8　机床电气部分

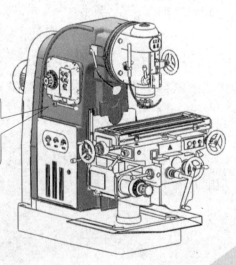

图 1-9　床身

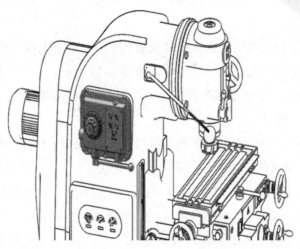

图 1-10 主轴变速机构

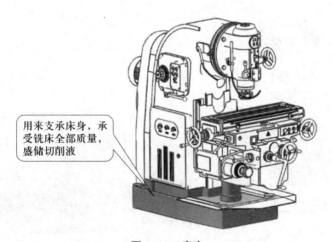

用来支承床身，承受铣床全部质量，盛储切削液

图 1-11 底座

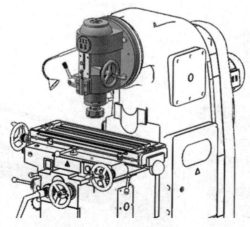

图 1-12 主轴及传动部分

6）进给变速机构。进给变速机构用来调整和变换工作台的进给速度，以适应铣削的需要，如图 1-13 所示。

7）工作台。工作台用来装置机床夹具或装夹工件，台面上有三条 T 形槽，用于安装 T 形螺栓组件，紧固机用虎钳、夹具或工件，如图 1-14 所示。

8）滑鞍。滑鞍在铣削时用来带动工作台实现横向进给运动；通过摇动横向控制手轮实现移动，如图 1-15 所示。

9）升降台。升降台用来支承滑鞍和工作台，带动工作台上下移动。升降台内部装有进给电动机和进给变速机构，如图 1-16 所示。

10）照明、冷却部分。照明灯使用安全电压，为操作者提供充足的光线，保证操作环境明亮，便于观察和测量。冷却装置主要通过冷却泵将切削液箱中的切削液加压后喷射到切削区域，降低切削温度，冲走切屑，润滑加工表面，以提高刀具使用寿命和工件的表面加工质量，如图 1-17 所示。

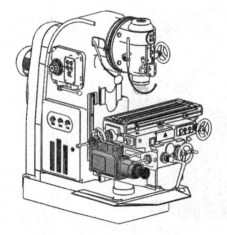
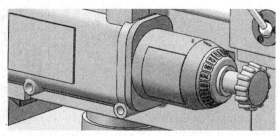

图 1-13　进给变速机构

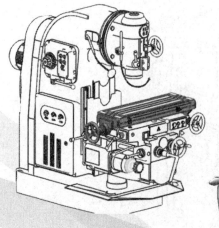
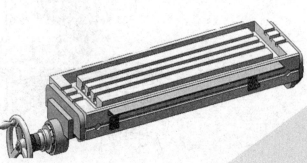

图 1-14　工作台

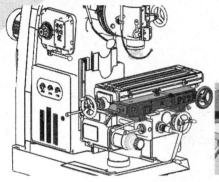

图 1-15　滑鞍

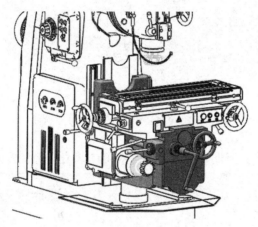

图 1-16　升降台

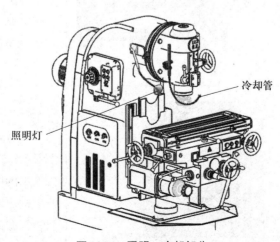

冷却管

照明灯

图 1-17　照明、冷却部分

（2）X6132 型卧式万能升降台铣床

X6132 型卧式万能升降台铣床是卧式铣床的代表，其规格、操纵机构、传动变速等与X5032 型立式铣床基本相同，如图 1-18 所示。主要不同点见表 1-5。

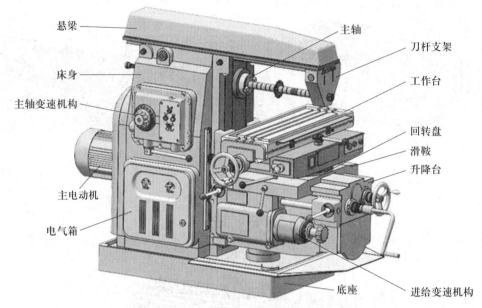

图 1-18　X6132 型卧式万能升降台铣床

表 1-5　X6132 型卧式万能升降台铣床与 X5032 型立式万能升降台铣床的不同点

名称	图示	作用
悬梁与刀杆支架		悬梁可沿床身顶部燕尾形导轨移动，并可按需要调节其伸出床身的长度。悬梁上可安装刀杆支架，用以支承铣刀杆的外端，增强铣刀杆的刚度
主轴		主轴为前端带锥孔的空心轴，锥孔的锥度为 7∶24，用来安装铣刀杆和铣刀。主电动机输出的回转运动，经主轴变速机构驱动主轴连同铣刀一起回转，实现主运动

续表

名称	图示	作用
滑鞍	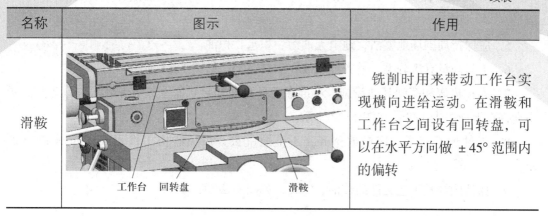工作台　回转盘　　　　滑鞍	铣削时用来带动工作台实现横向进给运动。在滑鞍和工作台之间设有回转盘，可以在水平方向做 ±45° 范围内的偏转

四、铣削加工安全文明生产要求

在铣削加工过程中，应严格遵守操作规程，避免出现人身或设备事故。并按要求规范使用机床和工具，做好场地清理和设备的维护工作。

1. 不准戴手套操作机床，加工时应戴防护镜，如图 1-19 所示。

错误

正确

图 1-19　安全防护佩戴

2. 遵守实习纪律，坚守岗位，不准在车间内追逐、嬉闹。

3. 注意防火，安全用电。一旦出现电气故障，应立即切断电源，并报告实习教师，不得擅自进行处理，防火和安全用电标识如图 1-20 所示。

a)

b)

图 1-20　防火和安全用电标识

a）防火标识　b）安全用电标识

4. 对机床应做到每天一小保养，每周一大保养，按时一级保养，保持机床整齐、清洁。

5. 应保持周围场地整洁，地上无油污、积水、积油。

6. 工具与量具应分类、整齐地安放在工具箱上，如图 1-21 所示。

7. 爱护机床和车间其他设施。不准在工作台面和导轨面上放置毛坯工件或工具，更不允许在上面敲击工件，如图 1-22 所示。

8. 工件加工完毕，应摆放整齐，不乱放乱丢，以免碰伤工件表面，如图 1-23 所示。

9. 保持图样及工艺文件的整洁、完整，如图 1-24 所示。

正确

错误

图 1-21　工、量具的摆放

错误

错误

图 1-22　工作台面的维护

正确

错误

图 1-23　工件的摆放

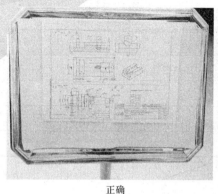
正确

错误

图 1-24 图样及工艺文件应整洁、完整

参观铣工工作场地

参观时视工作场地情况分为 5 ~ 10 人一组，每组选出一个负责人。以小组为单位，按指定路线参观。

1. 参观工作场地

仔细观察你所参观工作场地的布局，在下面框中画出参观路线图。

2. 记录工作场地的机床信息

工作场地中常见的机床有车床、铣床、钻床等。通常在机床上贴有铭牌，铭牌上记录了该机床的类型、型号、主要技术参数、生产厂家等信息。请在表 1-6 中记录参观中见到的机床信息。

3. 记录工作场地的工件

在工作场地可以看到很多类似图 1-25 所示的工件，根据表 1-7 的要求记录参观内容并加以总结。

表 1-6 工作场地机床信息

机床类型	型号	主要技术参数	生产厂家

图 1-25 工作场地常见工件

表 1-7 参观记录表

参观车间	主要产品	铣床名称	铣床型号	刀具名称	铣削加工内容
参观时间	年　月　日				
观后感					

4. 记录安全文明生产要求

在工作场地要严格按照安全文明生产要求操作机床（见图 1-26）。观察工人的机床操作过程，并记录下他们采取的安全文明生产措施（至少写出 5 条）。

图 1-26 操作机床

_____

_____

_____

_____

_____

课题二 常用铣床的基本操作

一、铣床操作的安全规程

1. 操作前的检查：检查铣床各手柄是否放在规定位置上；检查各方向机动进给限位挡铁是否紧固在最大行程内，如图 1-27 所示。

2. 加工前检查夹具、工件是否装夹牢固，如图 1-28 所示。

3. 不得在铣床运转时变换主轴转速（应先按下主轴停止按钮并待主轴停转）。

4. 工作时要集中精力，专心操作，不得擅自离开铣床，离开铣床时一定要关闭电源。

5. 不准随意拆开和摆弄电气部分，发现电气故障应请电工修理。

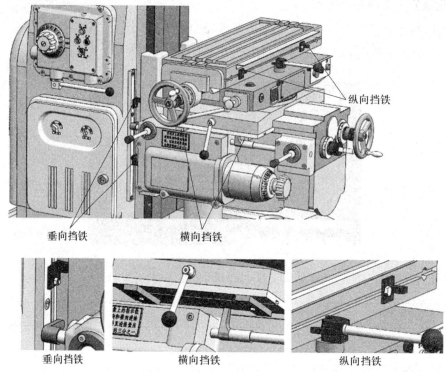

图 1-27　X6132 型卧式铣床的纵向、横向、垂向机动进给限位挡铁

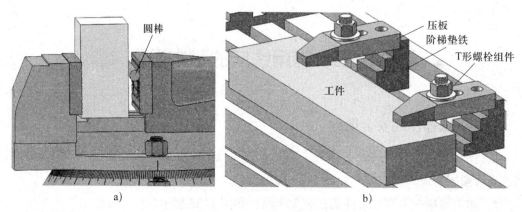

a)　　　　　　　　　　　　　　　　b)

图 1-28　检查工件夹紧情况

二、常用铣床的基本操作

要掌握铣床的操作，先要了解各手柄、手轮和开关的名称、工作位置及作用，并熟悉它们的使用方法和操作步骤。以 X5032 型立式万能升降台铣床为例，在进行工作台纵向、横向和垂向的手动操作前，应先关闭机床电源，检查各方向的紧固手柄和螺栓是否松开，再进行各方向的手动练习。图 1-29 所示为 X5032 型立式铣床的各手柄、手轮和开关。

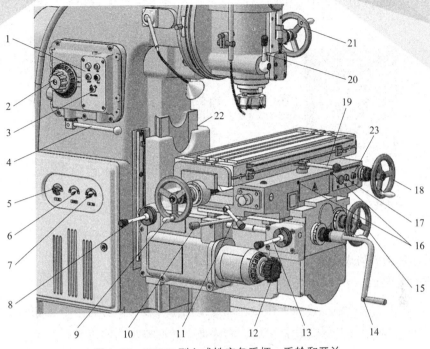

图 1-29　X5032 型立式铣床各手柄、手轮和开关

1、17—铣床控制按钮（绿色为启动，红色为停止，黑色为快速进给）　2—变速盘　3—主轴上刀制动开关

4—主轴变速手柄　5—铣床电源控制开关　6—切削液开关　7—主轴正反转开关

8、13—垂向及横向机动进给手柄　9、18—纵向手动进给手轮　10、19—纵向机动进给手柄

11—横向紧固手柄　12—进给变速手柄　14—垂向手动进给手柄　15—横向手动进给手轮

16—纵向紧固螺栓　20—主轴锁紧手柄　21—主轴进给手轮

22—垂向紧固手柄（在机床右侧升降台后端与垂直导轨连接处）

23、24—快速移动按钮

1. 铣床的启动与停止操作

（1）电源及主轴转向转换开关如图 1-30 所示。操作铣床时，先将电源转换开关顺时针转换至接通位置，操作结束时，逆时针方向转换至断开位置。启动主轴前应观察主轴转向转换开关，此开关处于中间位置时主轴停止，将开关顺时针转换至右转位置时，主轴右向旋转，反之主轴左向旋转。

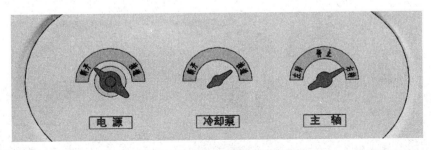

图 1-30　电源及主轴转向转换开关

（2）铣床启动与停止操作如图 1-31 所示。

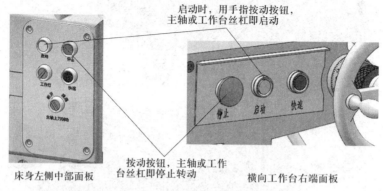

图 1-31　铣床启动与停止操作

2. 工作台的手动进给操作

（1）纵向手动进给

工作台纵向手动进给手轮在工作台左端及横向工作台右侧各有一个，如图 1-32 所示。当手动进给时，将手轮与纵向丝杠接通，右手握手轮并略加力向里推，左手扶手轮做旋转摇动，如图 1-33a 所示，摇动时速度要均匀、适当，顺时针摇动时，工作台向右移动，反之则向左移动。纵向刻度盘圆周刻线 120 格，每摇一转，工作台移动 6 mm，每摇动一格，工作台移动 0.05 mm，如图 1-33b 所示。

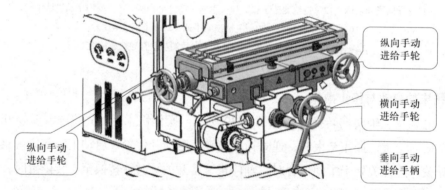

图 1-32　工作台手动手轮手柄

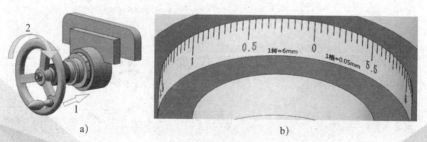

图 1-33　纵向手动进给手轮及纵向刻度盘

a）纵向手动进给手轮　b）纵向刻度盘

（2）横向手动进给

工作台横向手动进给手轮在垂向工作台前面，如图 1-32 所示。操作方法与纵向手动进给手轮相同，但刻度盘数值不一样，横向刻度盘的圆周刻线为 80 格，每摇一转，工作台移动 4 mm，所以每摇过一格，工作台移动 0.05 mm，如图 1-34 所示。

图 1-34　横向刻度盘

（3）垂向手动进给

工作台垂向手动进给手柄在垂向工作台前面左侧，如图 1-32 所示。手动进给时，先插入手柄并使离合器接通，双手握手柄，顺时针方向摇动时，工作台向上移动，反之向下移动，如图 1-35a 所示。垂向刻度盘刻有 40 格，每摇一转时，工作台移动 2 mm，每摇动一格，工作台移动 0.05 mm，如图 1-35b 所示。

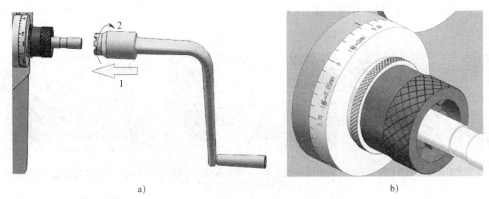

a)　　　　　　　　　　　　　　　　　　　b)

图 1-35　垂向手动进给手柄及垂向刻度盘

a）垂向手动进给手柄　b）垂向刻度盘

特别提示：在进行移动规定距离的操作时，若手轮或手柄摇过了刻度，不能直接摇回。必须将手轮或手柄退回半转以上，消除丝杠与螺母之间的间隙后，再重新摇到要求的刻度位置。另外，不使用手动进给时，必须将各方向手轮或手柄与离合器脱开，以免机动进给时旋转伤人。

练习时，先进行工作台在各方向的手动匀速进给练习，再进行定距移动练习。定距移动练习即练习工作台在各个方向移动规定的格数、规定的距离，通过该项训练使操作者掌握消除因丝杠与螺母间隙形成的空行程对工作台移动的影响的方法。

3. 主轴、进给的变速操作

（1）主轴的变速操作

主轴变速机构安装在床身左侧窗口上，变换主轴转速由主轴变速手柄和变速盘来实现，如图1-36所示。主轴转速有30～1 500 r/min共18种。变速时，操作步骤如下：

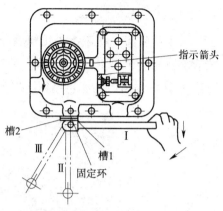

1）手握主轴变速手柄，把手柄向下压，使手柄的榫块自固定环的槽1中脱出，再将手柄外拉，使手柄的榫块落入固定环的槽2内。

2）转动变速盘，把所需的转速数字对准指示箭头。

3）把主轴变速手柄向下压后推回原来位置，使榫块落进固定环槽，并使之嵌入槽中。

图1-36　主轴变速操作

变速时，扳动手柄时要求速度快一些，在接近最终位置时，推动速度减慢，以利于齿轮啮合。变速时若听见齿轮相碰声，应待主轴停稳后再变速，避免损坏齿轮，主轴转动时严禁变速。

（2）进给的变速操作

进给变速箱（进给变速机构）是一个独立的部件，装在垂向工作台的左侧，有18种进给速度，即23.5～1 180 mm/min。

变换进给速度的操作步骤如图1-37所示。

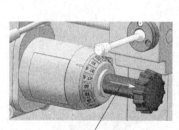
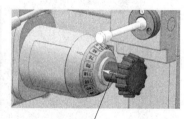

双手把进给变速手轮向外拉出

转数盘　转动手轮，把转数盘上所需的进给速度对准指示箭头

将进给变速手轮再推向原始位置

指示箭头

a)　　　　　　　　　　b)　　　　　　　　　c)

图1-37　变换进给速度的操作

4. 工作台的机动进给操作

（1）纵向机动进给

纵向机动进给手柄在横向工作台中部，手柄有三个位置，向右、向左及停止，如图1-38所示。当手柄向右扳动时，工作台向右进给，中间为停止位置，手柄向左扳动时，工作台向左进给。

（2）横向、垂向机动进给

横向及垂向机动进给手柄在横向工作台左侧进给变速箱上方，手柄有五个位置，向上、向下、向前、向后及停止。当手柄向上扳时，工作台向上进给，反之向下；当手柄向前扳时，工作台向里进给，反之向外；当手柄处于中间位置时，进给停止，如图1-39所示。

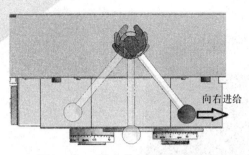

图1-38　工作台纵向机动进给操作

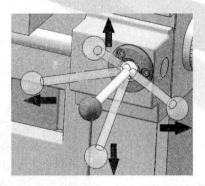

图1-39　工作台横向、垂向机动进给操作

（3）工作台快速移动

快速移动按钮是启动、停止按钮附近的一个按钮，要使工作台快速移动时，先开动相应方向的机动进给手柄，再按着该按钮，工作台即按原运动方向做快速移动，放开快速移动按钮，快速进给立即停止，仍以原进给速度继续进给。

操作提示：工作台在移动时，不能超过各进给方向的行程极限，如果超过行程极限，需要立即停止进给，并且松开挡块后进行手动进给。

三、常用铣床的日常维护与保养

1. 铣床日常维护与保养

（1）平时要注意铣床的润滑。操作工人应根据机床说明书的要求，定期加油和更换润滑油。对手拉、手压油泵和注油孔等部位，每天应按要求加注润滑油。如图1-40所示。

a)

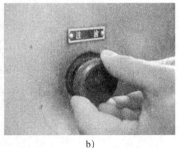

b)

图1-40　注油孔

a）导轨注油孔　b）齿轮注油孔

（2）启动铣床前，应先检查各部件，如操作手柄、按钮等是否在正常位置和其灵敏度如何。

（3）操作工人必须合理使用铣床。操作铣床应掌握一定的基本知识，如合理选用铣削用量、铣削方法等。安装夹具及工件时，应轻放，工作台面不应乱放工具、工件等。

（4）工作中应时刻观察铣削情况，如发现异常现象，应立即停机检查。

（5）工作完毕应清除铣床上及周围的切屑等杂物，关闭电源，擦净铣床，在滑动部位加注润滑油，整理工具、夹具、计算器具等，做好交接班工作。

2. 铣床的润滑

（1）X5032 型立式铣床润滑要求如图 1-41 所示。

（2）X6132 型卧式铣床润滑要求如图 1-42 所示。

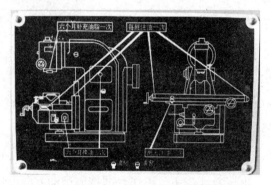

图 1-41　X5032 型立式铣床润滑要求

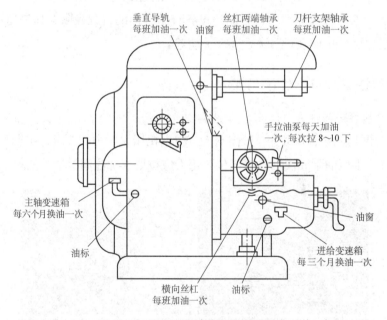

图 1-42　X6132 型卧式铣床润滑要求

X5032 型立式铣床的基本操作

1. 认识铣床和手动进给操作练习

（1）熟悉铣床各手柄和开关的名称、工作位置和作用，如图 1-43 所示。

（2）熟悉铣床各润滑点的位置，对铣床进行注油润滑。

（3）进行工作台在各个方向的手动匀速进给练习，使工作台在纵向、横向和垂向移动规定的距离，并能熟练消除因丝杠与螺母间隙形成的空行程对工作台移动的影响。

具体内容：

1）纵向：进 30 mm →退 32 mm →进 100 mm →退 1.5 mm →进 1 mm →退 0.5 mm。

2）横向：进 32 mm →退 30 mm →进 10 mm →退 1.5 mm →进 1 mm →退 0.5 mm。

3）垂向：升 3 mm →降 3.2 mm →升 1.35 mm →降 0.5 mm →升 1 mm →降 0.15 mm。

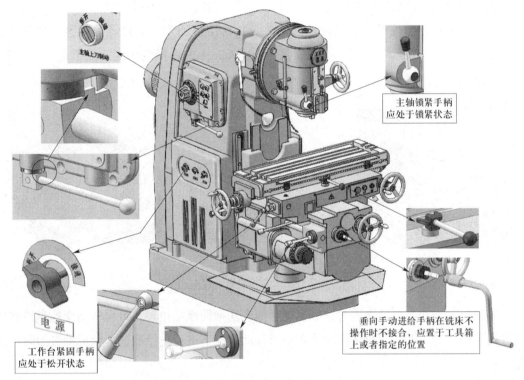

图 1-43　铣床各手柄和开关的初始位置

2. 铣床主轴变速和空运转操作练习

（1）接通电源，按"启动"按钮，使主轴转动 3～5 min，并检查油窗是否甩油。

（2）主轴停转以后，练习变换主轴转速 3 次，如图 1-44 所示。具体练习内容：将主轴转速分别变换为 30 r/min、300 r/min 和 1 500 r/min。

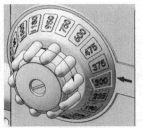

图 1-44　变换主轴转速

特别提示：由于电动机启动时电流很大，连续变速不应超过 3 次，否则易烧毁电动机。若必须变速，为保护电路，中间的间隔时间应不少于 5 min。

3. 工作台机动进给操作练习

（1）检查铣床

检查各进给方向的紧固螺栓、紧固手柄是否松开，各进给限位挡铁是否有效安装，工作台在各进给方向是否处于中间位置。

（2）变换机动进给速度的练习

练习变换进给速度 3 次（控制在低速），如图 1-45 所示。具体练习内容：将进给速度分别变换为 23.5 mm/min、60 mm/min、190 mm/min（或选择机床变速盘上最低、中等、最高三挡进给速度）。

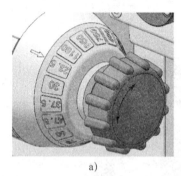
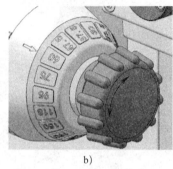
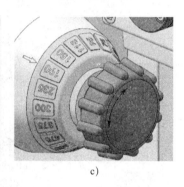

a)　　　　　　　　　b)　　　　　　　　　c)

图 1-45　变换进给速度

特别提示：变换进给速度时，如发现手柄无法推回原始位置，可再转动变速盘或将机动进给手柄开动一下。普通铣床允许在机床开动情况下进行进给变速，但机动进给时，不建议变换进给速度。

（3）机动进给操作练习

按主轴"启动"按钮，使主轴回转。分别让工作台做各个方向的机动进给，同时应注意进给变速箱油窗是否甩油。具体内容：将工作台分别沿纵向、横向、垂向三个方向做机动进给，使工作台在每个方向上往复进给 2~3 次。

4. 注意事项

（1）严格遵守安全操作规程。

（2）不准做与以上训练无关的其他操作。

（3）操作必须按照规定步骤和要求进行，不得频繁启动铣床。

（4）练习完毕后认真擦拭铣床，使工作台处于各进给方向中间位置，各手柄恢复原来位置，关闭铣床电源开关。

课题三　常用铣刀及其装拆

一、常用铣刀的种类

铣刀的种类很多，其分类方法也有很多，现介绍几种通用的分类方法和常用的铣刀种类。

1. 按切削部分的材料分类

按切削部分的材料分类，铣刀可分为高速钢铣刀、硬质合金铣刀、高速钢和硬质合金涂层铣刀及金刚石、陶瓷、立方氮化硼等超硬材料制造的铣刀，其中最常用的是高速钢铣刀和硬质合金铣刀两种，见表1-8。

表1-8　　　　　　　　　不同切削部分材料的铣刀

刀具名称	图示	说明
高速钢铣刀		一般形状较复杂的铣刀都是整体高速钢铣刀，即做成整体式刀具。高速钢是以钨、铬、钒、钼、钴为主要合金元素的高合金工具钢，是制造铣刀的良好材料，一般形状复杂的铣刀都用高速钢制作
硬质合金铣刀		硬质合金是以钴为粘结剂，将高硬度难熔的金属碳化物（WC、TiC、NbC等）粉末用粉末冶金方法粘结制成，具有耐高温、耐磨的特点，切削速度是高速钢的4~7倍。这类铣刀大多不是整体的，而是将硬质合金刀片以焊接或机械夹固的方式镶装在铣刀刀体上

2. 按结构分类

常见的铣刀结构有整体铣刀、镶齿铣刀和可转位铣刀三种，见表1-9。

3. 按形状和用途分类

为了适应各种不同的铣削内容，设计和制造了各种不同形状的铣刀用来加工不同的结构，见表1-10。

表 1–9 不同结构的铣刀

刀具名称	图示	说明
整体铣刀		整体铣刀是指铣刀的切削部分、装夹部分及刀体成一整体。这类铣刀可用高速钢整料制成，也可用高速钢制造切削部分，用结构钢制造刀体部分，然后焊接成一整体。直径不大的立铣刀、三面刃铣刀、锯片铣刀都采用这种结构
镶齿铣刀		镶齿铣刀的刀体是结构钢，刀齿是高速钢，刀体和刀齿利用尖齿形槽镶嵌在一起。直径较大的三面刃铣刀和套式面铣刀一般都采用这种结构
可转位铣刀	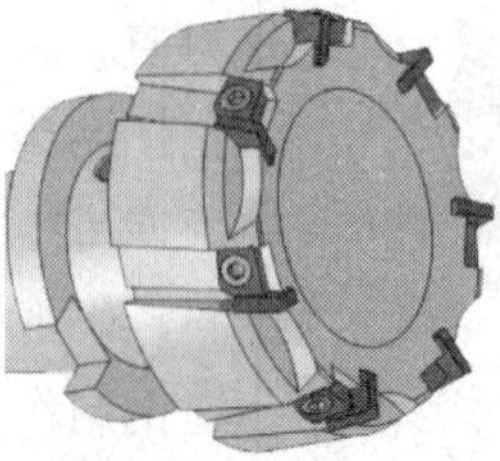	这类铣刀是用机械夹固的方式把硬质合金刀片或其他刀具材料安装在刀体上，因而保持了刀片的原有性能。切削刃磨损后，可将刀片转过一个位置继续使用。这种刀具节省材料，节省刃磨时间，提高了生产效率

表 1–10 不同形状和用途的铣刀

刀具用途	图示、名称及说明
加工平面用的铣刀	圆柱铣刀　套式面铣刀　可转位刀片面铣刀　锥柄立铣刀　直柄立铣刀　三面刃铣刀
	铣削平面用铣刀主要有圆柱铣刀和面铣刀。圆柱铣刀主要分为粗齿和细齿两种，用于粗铣和半精铣平面

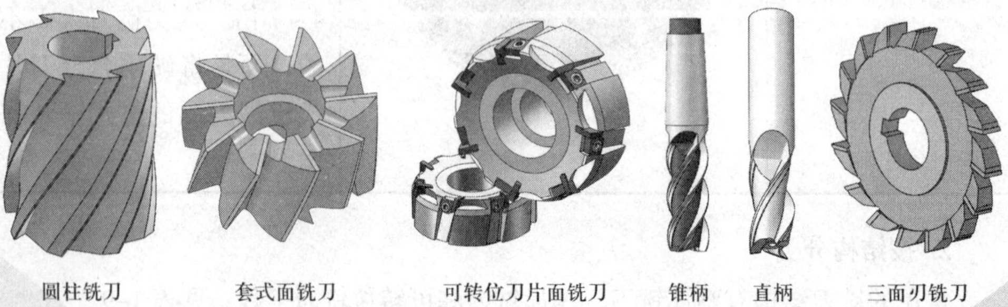

续表

刀具用途	图示、名称及说明
加工直角沟槽用的铣刀	 锥柄、直柄立铣刀　直齿三面刃铣刀　错齿三面刃铣刀　镶齿三面刃铣刀　键槽铣刀　锯片铣刀 立铣刀的用途较为广泛，可以用来铣削各种形状的沟槽和孔、台阶平面和侧面、各种盘形凸轮和圆柱凸轮、内外曲面等。三面刃铣刀分直齿、错齿和镶齿等几种，用于铣削直槽、台阶平面、工件的侧面及凸台平面。键槽铣刀主要用于铣削键槽。锯片铣刀用于铣削各种窄槽，以及切断板料或型材
加工各种特形沟槽用的铣刀	燕尾铣刀　T形槽铣刀　单角铣刀　对称双角铣刀　不对称双角铣刀 铣削加工的特形沟槽很多，如T形槽、V形槽、燕尾槽等，所用的铣刀有T形槽铣刀、角度铣刀、燕尾铣刀等；角度铣刀分为单角铣刀、对称双角铣刀和不对称双角铣刀三种
加工各种成形面用的铣刀	凸半圆铣刀　凹半圆铣刀　圆角铣刀　齿轮铣刀　专用特形面铣刀 加工成形面的铣刀一般是专门设计、制造而成

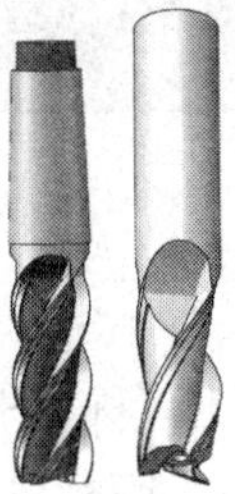

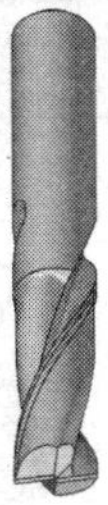

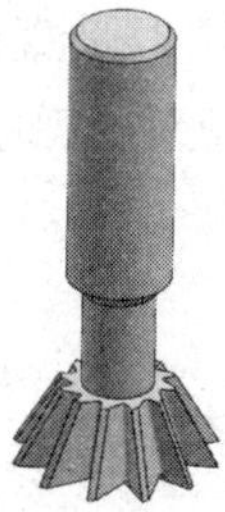

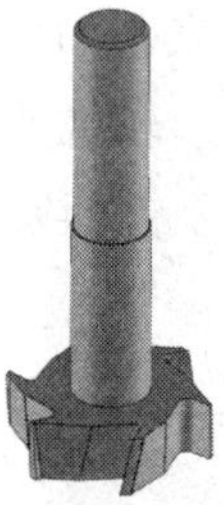

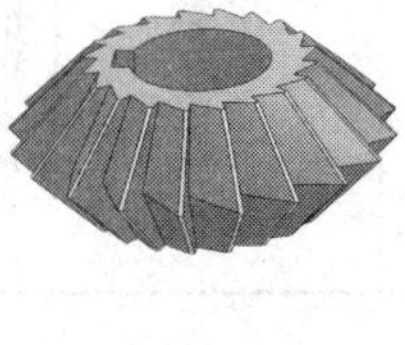

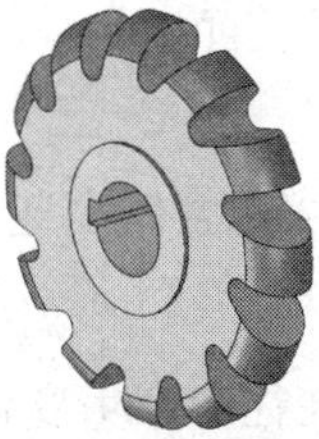

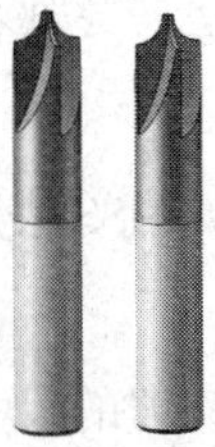

4. 按安装方式分类

铣刀的安装方式通常有以铣刀上的孔安装和以柄部安装两种方式，具体见表1-11。

表1-11　　　　　　　　　按铣刀的安装方式分类

铣刀种类	图示	说明
带孔铣刀		采用孔安装的铣刀称为带孔铣刀，如三面刃铣刀、圆柱铣刀等
带柄铣刀	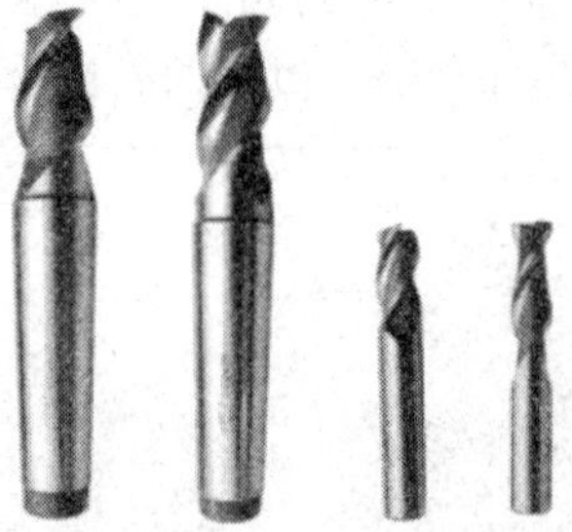	采用柄部安装的带柄铣刀有锥柄和直柄两种形式。如较小直径的立铣刀和键槽铣刀是直柄立铣刀，较大直径的立铣刀和键槽铣刀是锥柄铣刀

二、铣刀的标记

1. 铣刀标记的内容

为了便于辨别铣刀的尺寸规格、材料和制造厂家等，一般在铣刀上都刻有标记，标记的内容主要包括以下几个方面。

（1）制造厂家的商标

我国制造铣刀的工具厂很多，各制造厂家都有注册的商标置于其产品上。

（2）制造铣刀切削部分的材料

一般用材料牌号或材料代号表示，如HSS表示高速钢，HSSAL表示含铝高速钢。

（3）铣刀的尺寸规格

铣刀标记中的尺寸均为基本尺寸，铣刀的尺寸在使用和刃磨后往往会产生变化，在使用时应加以注意。

2. 常用铣刀尺寸规格的标记

铣刀的尺寸规格标记内容随铣刀种类及形状不同而略有区别，见表1-12。

铣刀种类	标记说明	图示
圆柱铣刀、三面刃铣刀、锯片铣刀等	以刀齿外圆直径 × 刀齿宽度 × 刀具内孔直径来表示	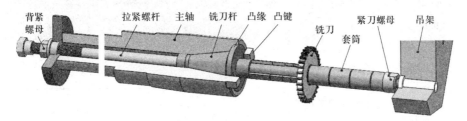 三面刃铣刀标记示例
立铣刀、键槽铣刀等	以刀齿外圆直径 × 刀柄外圆直径 × 刀齿切削刃轴向长度 × 刀具总长来表示，一般还会标记刀具材料，如 HSS 表示高速钢	立铣刀标记示例

表 1-12　　　　　　　　　　常用铣刀的规格及标记

三、带孔铣刀的安装

1. 在 X6132 型卧式铣床上安装

（1）铣刀杆的结构

安装圆柱铣刀、三面刃铣刀和锯片铣刀等带孔铣刀时，需用铣刀杆来支承和固定，如图 1-46 所示。安装带孔铣刀时，首先要选择和安装相应的铣刀杆。

图 1-46　用铣刀杆支承和固定

X6132 型卧式铣床上铣刀杆的左端是 7:24 的圆锥，用来与铣床主轴孔配合。若铣刀杆为莫氏 4 号圆锥，则需要通过变径套与主轴孔配合。锥体尾端有内螺纹孔，通过拉紧螺杆将铣刀杆拉紧在主轴孔内。铣刀杆锥体前端有一带两缺口的凸缘，与主轴轴端的凸键配合。

由于铣刀种类不同，铣刀杆上装夹铣刀部分的结构种类也很多，如图 1-47 所示。普通铣刀杆中部是长度为 l 的光轴，用来安装铣刀和垫圈，光轴上有键槽，可以安装定位键，将转矩传给铣刀。较长的铣刀杆的右端除螺纹外还有支承轴颈。螺纹用来安装紧刀螺母，紧固铣刀。支承轴颈用来与刀杆支架轴承孔配合，支承铣刀杆右端。

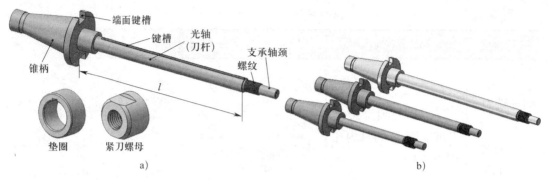

a)   b)

图 1-47　卧式铣床常用铣刀杆

铣刀杆光轴的直径与带孔铣刀的孔径相对应，常用的规格有 22 mm、27 mm 和 32 mm 三种，应根据所选铣刀的孔径选用。铣刀杆的光轴长度也有多种，可按工作需要选用。

（2）铣刀杆的安装

在卧式铣床上安装铣刀杆的步骤见表 1-13。

表 1-13　　　　　　　　　　　在卧式铣床上安装铣刀杆的步骤

序号	步骤	图示
1	将主轴转速调整到最低或者将主轴锁紧；并根据铣刀孔径选择相应直径的铣刀杆，在满足安装铣刀后不影响正常铣削的前提下，铣刀杆长度尽量选择短一些的，以增强铣刀的刚度	
2	擦净铣床主轴孔和铣刀杆的锥柄，以免脏物影响铣刀杆的安装精度	
3	松开铣床悬梁的紧固螺母，适当调整悬梁的伸出长度使其与铣刀杆长度相适应。然后将悬梁紧固	

续表

序号	步骤	图示
4	安装铣刀杆。右手将铣刀杆的锥柄装入主轴孔内，此时铣刀杆凸缘上的缺口（槽）应对应主轴端部的凸键；左手转动主轴孔内的拉紧螺杆，使其前端的螺纹部分旋入铣刀杆的螺纹孔中	
5	用扳手旋紧拉紧螺杆上的背紧螺母，将铣刀杆拉紧在主轴孔内	旋紧背紧螺母

（3）安装带孔铣刀

带孔铣刀在卧式铣床上的安装如图 1-48 所示，具体的安装步骤见表 1-14。

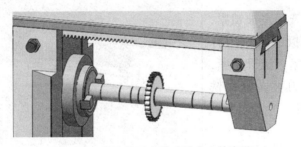

图 1-48　带孔铣刀在卧式铣床上的安装

表 1-14　　　　　　　　　　带孔铣刀的安装步骤

步骤	操作内容	图示
准备铣刀杆、垫圈和紧刀螺母	准备并擦净铣刀杆、垫圈和紧刀螺母	

续表

步骤	操作内容	图示
确定铣刀在铣刀杆上的位置	将垫圈和铣刀装入铣刀杆，并用适当分布的垫圈确定铣刀在铣刀杆上的位置，再用手旋入紧刀螺母	
安装刀杆支架	擦净刀杆支架轴承孔和铣刀杆的支承轴颈，将刀杆支架装入悬梁导轨，注入适量的润滑油	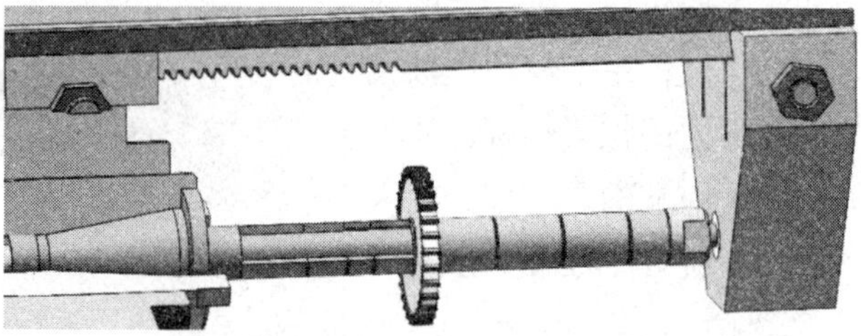
锁紧刀杆支架	适当调整刀杆支架轴承孔与铣刀杆支承轴颈的间隙，然后用扳手将刀杆支架紧固在悬梁导轨上	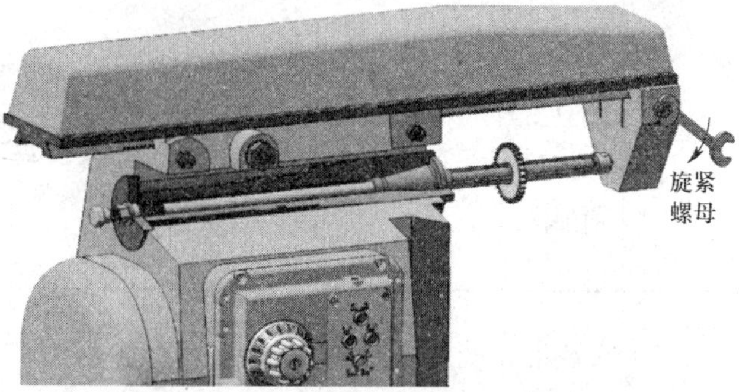 旋紧螺母
锁紧铣刀	将铣床主轴锁紧，再用扳手将铣刀杆上的紧刀螺母旋紧，使铣刀被夹紧在铣刀杆上	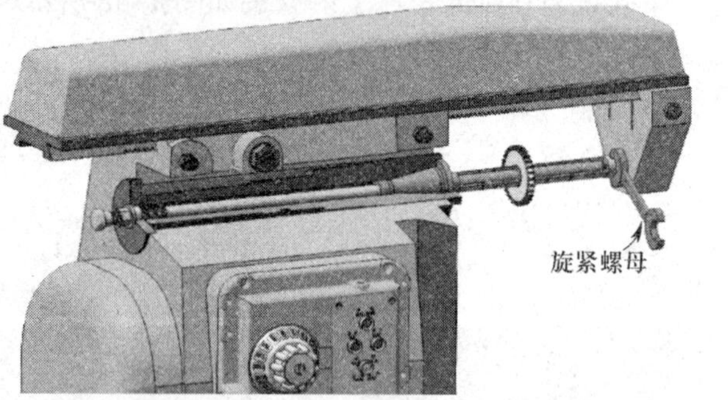 旋紧螺母

注：铣刀安装完成后应将主轴上刀制动开关断开，或调整主轴转速至常用转速，使主轴可正常工作。

2. 在 X5032 型立式铣床上安装

在 X5032 型立式铣床上常用带孔刀具，主要是套式面铣刀。

（1）面铣刀的结构

面铣刀又称盘铣刀，用于立式铣床、端面铣床或龙门铣床上加工平面，端面和圆周上均有刀齿，也有粗齿和细齿之分。其结构有整体式、镶齿式和可转位式三种，如图 1-49 所示。

a)　　　　　　　　　　b)　　　　　　　　　　c)

图 1-49　面铣刀结构

a）整体式　b）镶齿式　c）可转位式

（2）套式面铣刀铣刀杆的结构

套式面铣刀的铣刀杆结构有轴向带键槽式、端面带凸键式两种形式，端面带凸键又有分体式的结构，如图 1-50 所示。

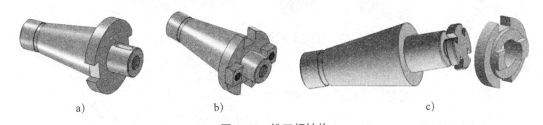

a)　　　　　　　　　　b)　　　　　　　　　　c)

图 1-50　铣刀杆结构

a）轴向带键槽式　b）端面带凸键式　c）分体式端面带凸键式

（3）套式面铣刀的安装

套式面铣刀有内孔带键槽和端面带键槽两种结构形式，安装时分别采用带纵向键的铣刀杆和带端键的铣刀杆。

安装铣刀时，要先擦净铣刀内孔、端面和铣刀杆圆柱面，按下面的方法进行安装。

1）安装内孔带键槽铣刀。将铣刀内孔的键槽对准铣刀杆上的键装入铣刀，然后旋入紧刀螺钉，用叉形扳手将铣刀紧固。图 1-51 所示为内孔带键槽铣刀的安装分解图。

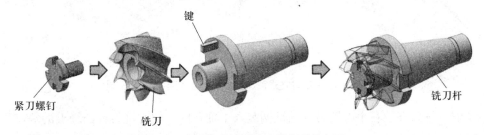

键

紧刀螺钉

铣刀

铣刀杆

图 1-51　内孔带键槽铣刀的安装分解图

2）安装端面带键槽铣刀。将铣刀端面上的槽对准铣刀杆上凸缘端面上的凸键，装入铣刀。然后旋入紧刀螺钉，用叉形扳手将铣刀紧固。图 1-52、图 1-53 所示为端面带键槽铣刀的安装分解图。

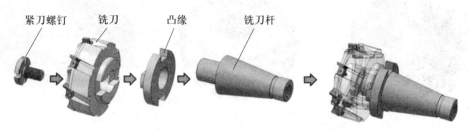

图 1-52　分体式端面带键槽铣刀的安装分解图

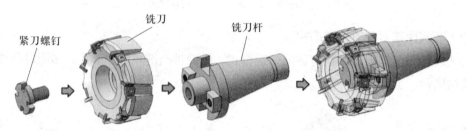

图 1-53　端面带键槽铣刀的安装分解图

（4）立式铣床上铣刀杆的安装

1）将主轴转速调整到最低或者将主轴锁紧。

2）擦净铣床主轴孔和铣刀杆的锥柄，以免脏物影响铣刀杆的安装精度。

3）检查刀具安装所需的全部零部件及工具，如图 1-54 所示。

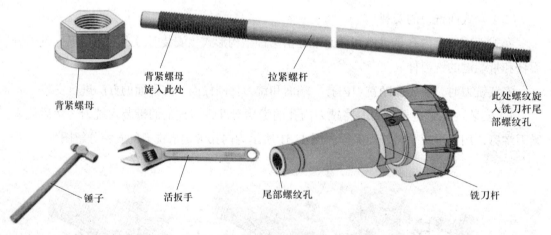

图 1-54　X5032 型立式铣床上面铣刀安装零部件及工具

4）安装铣刀杆。右手将铣刀杆的锥柄装入主轴孔内，此时铣刀杆凸缘上的缺口（槽）应对应主轴端部的凸键；左手转动主轴孔内的拉紧螺杆，使其前端的螺纹部分旋入铣刀杆的螺纹孔中，如图 1-55 所示。

5）用扳手旋紧拉紧螺杆上的背紧螺母，将铣刀杆拉紧在主轴孔内。

6）调整主轴转速至常用转速或将主轴上刀制动开关断开。

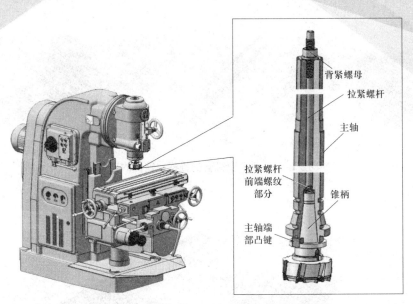

图 1-55　X5032 型立式铣床铣刀杆安装结构图

四、带柄铣刀的安装

锥柄立铣刀柄部采用莫氏锥度，有莫氏 1 号、2 号、3 号、4 号和 5 号共五种；直柄立铣刀柄部为圆柱形，见表 1-11。

1. 锥柄立铣刀的安装

在铣刀锥柄的锥度和主轴锥孔的锥度相同的前提下（锥柄锥度为 7∶24），先把主轴锥孔和铣刀锥柄擦干净，将铣刀锥柄穿入主轴锥孔内，然后用拉紧螺杆扳手旋紧拉紧螺杆，紧固铣刀，如图 1-56 所示。

如果铣刀锥柄的锥度和主轴锥孔的锥度不同，需借助变径套安装铣刀。变径套的外圆锥度与主轴锥孔锥度相同，而内孔锥度与铣刀锥柄锥度一致。如图 1-57 所示。将铣刀连同变径套一起穿入主轴锥孔内，然后用拉紧螺杆扳手旋紧拉紧螺杆，紧固铣刀。

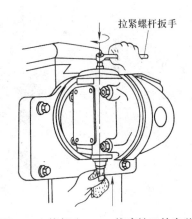

图 1-56　锥柄为 7∶24 锥度铣刀的安装

2. 直柄立铣刀的安装

直柄立铣刀一般通过钻夹头或弹簧夹头安装在主轴锥孔内，如图 1-58 所示。

（1）用弹簧夹头安装直柄立铣刀时，按铣刀直径选择相同尺寸的弹簧夹套（见图 1-59），将铣刀柄插入弹簧夹套内，再一起装入弹簧夹头的圆锥孔内，用扳手将螺母旋紧，即可将铣刀紧固在弹簧夹头内，如图 1-60 所示。

弹簧夹头尾部锥柄的锥度是与主轴锥孔的锥度一致的，此时只要再将弹簧夹头穿入主轴锥孔内，然后用拉紧螺杆扳手旋紧拉紧螺杆即可紧固铣刀。

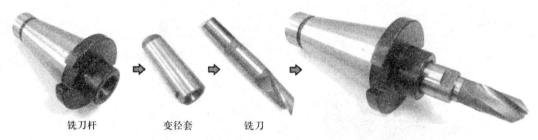

铣刀杆　　　　　变径套　　　铣刀

图 1-57　借助变径套的锥柄立铣刀的安装

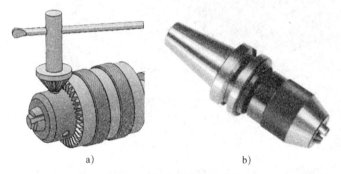

a)　　　　　　　　　　　　b)

图 1-58　钻夹头和弹簧夹头

a）钻夹头　b）弹簧夹头

图 1-59　弹簧夹套

直柄立铣刀　弹簧夹套

铣刀杆

图 1-60　弹簧夹头装夹直柄立铣刀

（2）用钻夹头安装直柄立铣刀时，根据铣刀直径选择合适的装夹范围的钻夹头，旋松钻夹头，将铣刀插入钻夹头内，留合适的长度，然后用专用扳手旋紧铣刀，如图1-61所示。

a)　　　　　　　　　　　b)

图1-61　钻夹头装夹直柄立铣刀

五、机夹式不重磨铣刀刀片的装拆

机夹式不重磨铣刀不需要操作者刃磨，若铣削中刀片的切削刃用钝，只要用内六角扳手旋松双头螺柱，就可以松开刀片夹紧块，取出刀片，把用钝的刀片转换一个位置（等多边形刀片的每一个切削刃都用钝后，更换新刀片），然后将刀片紧固即可。如图1-62所示。

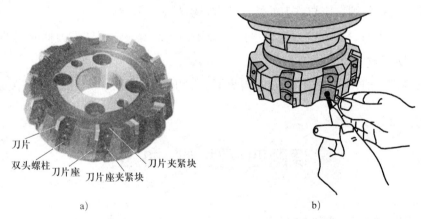

刀片

双头螺柱　　刀片座　　刀片座夹紧块　　刀片夹紧块

a)　　　　　　　　　　　　b)

图1-62　机夹式不重磨铣刀及其刀片安装

a）机夹式不重磨铣刀　b）刀片安装

使用机夹式不重磨铣刀，要求机床、夹具刚度高，机床功率大，工件装夹牢固，刀片牌号与加工工件的材料相适应，刀片用钝后要及时更换。

六、铣刀安装后的检查

铣刀安装后，应做到以下几个方面的检查。

1. 检查铣刀装夹是否牢固，检查铣刀回转方向是否正确。

2. 检查刀杆支架轴承孔与铣刀杆支承轴颈的配合间隙是否合适。间隙过大，铣削时会发生振动；间隙过小，则铣削时刀杆支架轴承会发热。

3. 用扳手反向转动铣刀，分别检查铣刀的径向跳动和轴向跳动，跳动量应不超过 0.06 mm。

铣 刀 装 卸

一、训练内容

分别完成圆柱铣刀、直柄立铣刀、锥柄立铣刀的装卸训练。

二、注意事项

1. 在铣刀杆上安装带孔铣刀时，一般应先紧固刀杆支架再紧固铣刀。拆卸铣刀时应先松开铣刀再松开刀杆支架。

2. 应保证刀杆支架轴承孔与铣刀杆支承轴颈有足够的配合长度，并提供充足的润滑油。

3. 拉紧螺杆的螺纹应与铣刀的螺纹孔有足够的旋合长度。

4. 装卸铣刀时，圆柱铣刀应以手持两端面，立铣刀应垫棉纱握刀柄露出的端部，以防铣刀刃口划伤手。

5. 安装铣刀前，应先擦净各个接合表面，防止附有脏物而影响铣刀的安装精度。

课题四 铣 削 加 工

一、铣削基本运动和加工表面

1. 铣削的基本运动

铣削时工件与铣刀的相对运动称为铣削运动。它包括主运动和进给运动。

主运动是切除工件表面多余材料所需的最基本的运动，是指直接切除工件上的待切削层，使之转变为切屑的主要运动。主运动是消耗机床功率最多的运动，铣削运动中铣刀的旋转运动是主运动。

进给运动是使工件切削层材料相继投入切削，从而加工出完整表面所需的运动。铣削加工中，进给运动是工件相对铣刀的移动、转动或铣刀自身的移动。

2. 铣削加工表面

在铣削运动中，工件上会形成已加工表面、过渡表面和待加工表面，如图 1-63 所示。

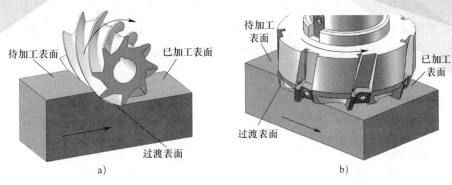

图 1-63 铣削加工表面

已加工表面是工件上经刀具切削后产生的表面。

过渡表面是工件上由切削刃形成的那部分表面。

待加工表面是工件上有待切除的表面。

二、铣削方法

在铣床上铣削工件时，由于铣刀的结构不同，工件上所加工的部位不同，因此具体切削方式、方法也不一样，根据铣刀在切削时切削刃与工件的接触位置不同，铣削方法可分为周边铣削法、端面铣削法以及周铣与端铣同时进行的混合铣削。

平面的铣削方法主要有周边铣削法和端面铣削法两种。

1. 周边铣削法

周边铣削法简称周铣，如图 1-64 所示，是使用铣刀周边齿刃进行的铣削。周铣平面度的好坏主要取决于铣刀的圆柱素线是否直，因此在精铣平面时，铣刀的圆柱度一定要好。

图 1-64 周铣

2. 端面铣削法

端面铣削法简称端铣，如图 1-65 所示，是使用铣刀端面齿刃进行的铣削。端铣平面度的好坏主要取决于铣床主轴轴线与进给方向的垂直度。若主轴轴线与进给方向垂直，则铣刀刀尖会在工件表面铣出呈网状的刀纹。若主轴轴线与进给方向不垂直，则铣刀刀尖会在工件表面铣出单向的弧形刀纹，并将工件表面铣出一个凹面。如果铣削时进给方向是从刀尖高的一端移向刀尖低的一端，还会产生"拖刀"现象；若进给方向是从刀尖低的一端移向刀尖高的一端，则无"拖刀"现象。

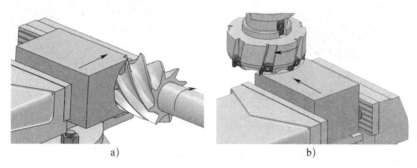

a)   b)

图 1-65　端铣

端铣使用的是面铣刀。面铣刀的铣刀杆短，刚度好，刀片装夹方便，铣削平稳且效率高，适宜进行高速铣削和强力铣削。所以，目前加工平面（尤其是加工大平面）一般都采用端面铣削法。

3. 混合铣削法

混合铣削法简称混合铣，如图 1-66 所示，是指在铣削时铣刀的圆周刃与端面刃同时参与切削的铣削方法。混合铣时，工件上会同时形成两个或两个以上的已加工表面。

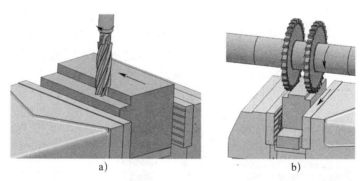

a)   b)

图 1-66　混合铣

三、顺铣和逆铣

根据铣刀切削部位产生的切削力与进给方向间的关系，铣削方式可分为顺铣和逆铣。

1. 周铣时的顺铣和逆铣

（1）顺铣

铣刀与工件已加工面的切点处，铣刀旋转切削刃的运动方向与工件进给方向相同的铣削，如图 1-67a 所示。

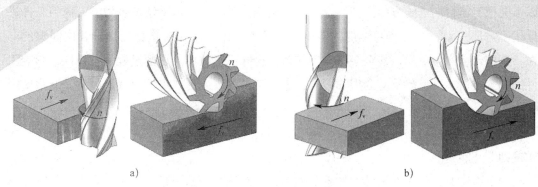

图 1-67　铣削方式

a）顺铣　b）逆铣

（2）逆铣

铣刀与工件已加工面的切点处，铣刀旋转切削刃的运动方向与工件进给方向相反的铣削，如图 1-67b 所示。

特别提示：在区别顺、逆铣过程中要牢牢记住观察铣刀与工件已加工面切点处的铣刀旋转方向和工件进给方向是相同还是相反，相同是顺铣，相反是逆铣。

2. 端铣时的顺铣和逆铣

用面铣刀的端面刃进行铣削时，铣刀的切入边和切出边的切削力方向是相反的。这样根据铣刀与工件之间的相对位置的不同，铣削方式可分为对称铣削和不对称铣削。

铣削宽度 a_e 对称于铣刀轴线的端铣方式称为对称铣削。铣削时，以轴线为对称中心，切入边与切出边所占的铣削宽度相等，切入边为逆铣，切出边为顺铣（见图 1-68a）。

铣削宽度 a_e 不对称于铣刀轴线的端铣方式称为不对称铣削。按切入边和切出边所占铣削宽度的比例不同，非对称铣削又分为不对称逆铣和不对称顺铣两种（见图 1-68b、c）。

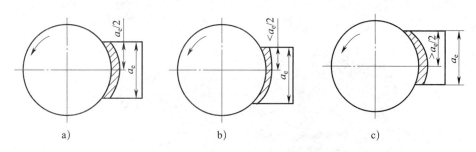

图 1-68　端铣的三种铣削方式

a）对称铣削　b）不对称逆铣　c）不对称顺铣

3. 顺铣和逆铣的比较

（1）逆铣时，由于切削刃要在加工表面滑动一小段距离，切削刃易磨损；顺铣时，切削刃一开始就切入工件，故切削刃比逆铣时磨损小，铣刀使用寿命较长。

（2）逆铣时，由于铣刀作用在工件进给方向上的分力与工件进给运动方向相反，所以不会把工作台向进给方向拉动一个距离。而顺铣时，由于水平铣削分力的方向与工件进给运动方向一致，当刀齿对工件的作用力较大时，由于工作台丝杠与螺母轴向间隙的存在，工作台会产生窜动，甚至会拉动工作台，这样不仅破坏了切削过程的平稳性，影响工件的加工质量，而且严重时会损坏刀具，造成工件报废或更严重的事故。因此，通常采用逆铣。

（3）对于表面有硬皮的毛坯件，顺铣时刀齿一开始就切到硬皮，切削刃容易损坏，而逆铣则无此问题。

（4）逆铣时，作用在工件上的垂直铣削力，在铣削开始时是向上的，有把工件从夹具中拉起来的趋势，所以对加工薄而长的和不易夹紧的工件极为不利。顺铣时，作用在工件上的垂直铣削力始终是向下的，有压紧工件的作用，对铣削工作有利。

（5）逆铣时，消耗在工件进给运动上的动力较大，而顺铣时较小。此外，顺铣时的切削厚度比逆铣大，切屑短而厚而且变形较小，可以节省铣床功率的消耗。

由于逆铣时不会拉动工作台，因此一般情况下都采用逆铣进行加工。

四、工件装夹

1. 常用铣床夹具

根据夹具的应用范围，夹具可分为通用夹具、专用夹具。铣工所用的通用夹具主要有机用虎钳、压板、回转工作台、分度头等。它们一般不需调整或稍加调整就可以用于装夹不同工件。专用夹具是专为某一工序而专门设计的，使用时既方便又准确，生产效率高。

（1）机用虎钳

1）机用虎钳结构。机用虎钳由底座、钳体、钳口、丝杠等组成，如图1-69所示。

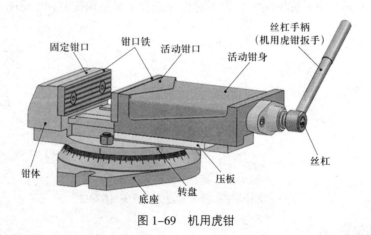

图1-69　机用虎钳

2）机用虎钳的工作原理。用机用虎钳扳手转动丝杠，通过丝杠螺母带动活动钳身移动从而夹紧或松开工件，如图1-70所示。不同型号的机用虎钳，夹持工件的尺寸也不一样，详细参数见表1-15。

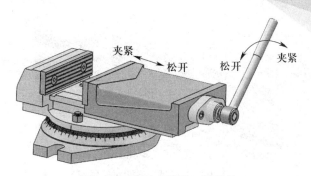

图 1-70　机用虎钳的工作原理

表 1-15　　　　　　　　　　机用虎钳的规格　　　　　　　　　　　　　mm

项目	规格							
	60	80	100	125	136	160	200	250
钳口宽度 B	60	80	100	125	136	160	200	250
最大张开度 A	50	60	80	100	110	125	160	200
钳口高度 h	30	34	38	44	36	50（44）	60（56）	56（60）
定位键宽度 b	10	10	14	14	12	18（14）	18	18
回转角度	360°							

注：规格 60、80 的机用虎钳为精密机用虎钳，适用于工具磨床、平面磨床和坐标镗床。

3）使用注意事项

①装卸工件时，一定要小心轻放，勿用锤子敲打，以免碰伤机用虎钳，使其失去应有精度。

②使用机用虎钳后应卸下，扫净切屑，擦净油污，用少量机油擦拭，置于阴凉干燥处。

③长期不用时，应做防锈处理。

（2）压板、T 形螺栓、阶梯垫铁

装夹工件时用来夹持工件，如图 1-71、图 1-72 所示。

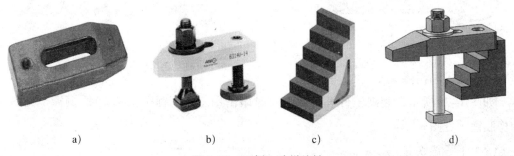

a)　　　　　　　　　b)　　　　　　　　c)　　　　　　　　d)

图 1-71　压板、阶梯垫铁

a）压板　b）压板的使用　c）阶梯垫铁　d）阶梯垫铁的使用

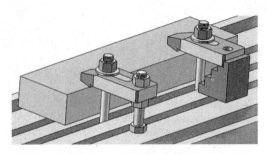

图 1-72 压板、T 形螺栓及阶梯垫铁装夹工件

（3）万能分度头

在铣床上铣削正六棱柱、正八棱柱等，以及均等分布或互成一定夹角的沟槽和齿槽时，一般是利用分度头进行分度，其中万能分度头（见图 5-1）使用最普遍。万能分度头除能将工件做任意的圆周分度外，还可做直线移距分度；可把工件轴线装置成水平、垂直或倾斜的位置；通过交换齿轮，可使分度头主轴随工作台的进给运动做连续旋转，以加工螺旋面。

2. 常用工具

（1）活扳手

活扳手如图 1-73 所示，是用于扳动六角、四角螺钉和螺母的工具，其规格是根据扳手长度（mm）和扳口张开尺度（mm）表示的，如 300×36。使用时，应选用合适的活扳手。

（2）双头扳手

如图 1-74 所示，这类扳手的扳口尺寸是固定的，不能调节。使用时根据螺母、螺钉的尺寸选用相对应的扳手，伸入螺母后扳动。

图 1-73 活扳手   图 1-74 双头扳手

（3）锤子和铜棒

如图 1-75 所示，装夹工件和拆卸刀具时敲击用。有钢锤（见图 a）、铜棒（见图 b）和橡胶锤（见图 c）等。

（4）平行垫铁

装夹工件时用平行垫铁来支持工件，如图 1-76 所示。

a)　　　　　　　　　　b)　　　　　　　　　　c)

图 1-75　锤子和铜棒

a）钢锤　b）铜棒　c）橡胶锤

图 1-76　平行垫铁

3. 装夹工件的基本要求

（1）夹紧力不应破坏工件定位时所处的正确位置。

（2）尽量减少装夹次数，尽可能做到在一次定位后就能加工出全部的待加工表面。

（3）因夹紧力所产生的工件变形和表面损伤不应超过所允许的范围。

（4）夹紧机构应能调节夹紧力的大小。

（5）夹具应具有动作快、体积小、操作方便、安全等优点，而且要有足够的强度和刚度，防止夹具在装夹时变形。

（6）夹紧力的大小应能保证在加工过程中工件位置不发生变化。

4. 用机用虎钳装夹工件

铣削一般矩形工件的平面、斜面、台阶或者轴类工件的键槽时，都可以用机用虎钳来装夹，方法如下。

（1）装夹矩形毛坯工件

选择毛坯件上一个大而平整的毛坯面作粗基准，将其靠在固定钳口上。在钳口与工件之间应垫铜皮，以防止损伤钳口，如图 1-77 所示。

为了保证加工表面切削余量均匀，在装夹时先用适当的力夹住工件，然后用划线盘校正毛坯上平面位置，符合要求后再夹紧工件，如图 1-78 所示。校正时，工件不宜夹得太紧，否则无法校正工件位置。

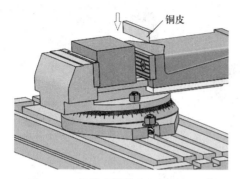

图 1-77　机用虎钳装夹矩形毛坯工件

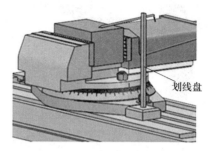

图 1-78　校正工件

（2）装夹有基准面的矩形工件

若工件有已加工好的基准面，此时以机用虎钳固定钳口作为定位基准，将工件的基准面靠向固定钳口面，并在其活动钳口与工件间放置一圆棒。圆棒要与钳口的上平面平行，其位置应在工件被夹持部分高度的中间偏上。通过圆棒夹紧工件，能保证工件的基准面与固定钳口面的密合，如图 1-79 所示。

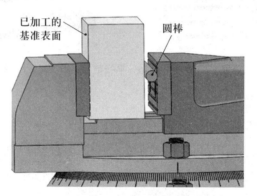

图 1-79　机用虎钳装夹有基准面的矩形工件

（3）装夹与基准面有垂直关系的矩形工件

此时用钳体导轨平面作为定位基准，将工件的基准面靠向钳体导轨面。在工件与导轨面之间要加垫平行垫铁。为了使工件基准面与导轨面平行，工件夹紧后，可用铝棒或者铜棒轻击工件上平面，并用手试移垫铁。当垫铁不再松动时，表明垫铁与工件、垫铁与水平导轨面三者密合较好。要使工件贴紧在垫铁上，应该一面夹紧，一面用锤子轻击工件的表面，光洁的平面要用铜棒进行敲击以防止敲伤。若用力过大，会产生反作用力而影响平行垫铁的密合，如图 1-80 所示。

若矩形工件为扁平状，如图 1-81 所示，需在工件底面与机用虎钳导轨面之间放两块等高的平行垫铁或者更大的平行垫铁（垫铁厚度必须小于工件的宽度），以保证工件待加工的表面高出钳口表面，由于工件厚度比较薄，因此工件与活动钳口间的圆棒可以不用，如图 1-82 所示。

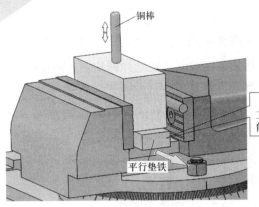

平行垫铁的宽度应小于
工件的宽度，以保证工件
能被两侧钳口面夹持

铜棒

平行垫铁

图 1-80　机用虎钳装夹与基准面有垂直关系的矩形工件

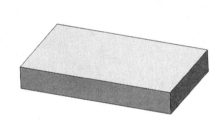

图 1-81　扁平矩形工件

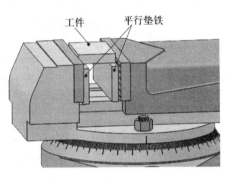

工件　　平行垫铁

图 1-82　机用虎钳装夹扁平矩形工件

特别提示：

1）装夹工件前，应将各接合表面擦净，包括工件表面、机用虎钳钳口面和导轨面。

2）工件装夹的高度以铣削时铣刀不接触钳口上平面为宜。

3）工件的装夹位置应尽量使钳口受力均匀。必要时，可以加垫铁进行平衡。

4）用平行垫铁装夹工件时，所选垫铁的平面度、平行度和垂直度应符合要求，且垫铁表面应具有一定的硬度。

5）夹紧工件时，只能使用机用虎钳扳手进行夹紧，不得使用锤子敲击机用虎钳扳手，如图 1-83 所示。

正确

错误

图 1-83　夹紧工件

5. 用压板装夹工件

外形尺寸较大或者不便用机用虎钳装夹的工件，常用压板将其压紧在铣床工作台面上进行装夹。具体装夹方法：使用压板装夹工件时，应选择两块以上的压板。压板的一端搭在垫铁上，另一端搭在工件上。垫铁的高度应等于或略高于工件被压紧部位的高度。T形螺栓略接近于工件位置。在螺母与压板之间必须加垫圈，如图 1-84 所示。

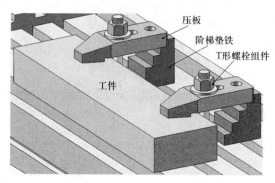

图 1-84 压板装夹工件

操作提示：

（1）在铣床工作台面上，不允许拖拉表面粗糙的工件。夹紧时，应在毛坯件与工作台面之间衬垫铜皮，以免损伤工作台表面。

（2）用压板在工件已加工表面上夹紧时，应在工件与压板间衬垫铜皮，避免损伤工件已加工表面。

（3）正确选择压板在工件上的夹紧位置，使其尽量靠近加工区域，并处于工件刚度最好的位置。若夹紧部位有悬空现象，应将工件垫实。用压板装夹工件正确和错误的做法如图 1-85 所示。

（4）螺栓要拧紧，尽量不使用活扳手，以防滑落伤人。

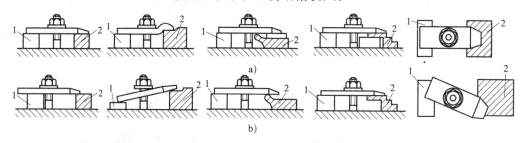

图 1-85 用压板装夹工件正确和错误的做法

a）正确 b）错误

1—垫铁 2—工件

五、铣削用量及其选用

在铣削过程中所选用的切削用量，称为铣削用量。铣削用量包括铣削深度 a_p、铣削宽

度 a_e、铣削速度 v_c 和进给量 f。

1. 铣削深度

铣削深度 a_p 是指在平行于铣刀轴线方向上测得的切削层尺寸，单位为 mm。

2. 铣削宽度

铣削宽度 a_e 是指在垂直于铣刀轴线方向和工件进给方向上测得的切削层尺寸，单位为 mm。

铣削时，由于采用的铣削方法和选用的铣刀不同，铣削深度 a_p 和铣削宽度 a_e 的表示也不同。图 1-86 所示为用圆柱铣刀进行周铣与用面铣刀进行端铣时铣削深度与铣削宽度的表示。不难看出，不论是采用周铣或是端铣，铣削宽度 a_e 都表示铣削弧深。因为不论使用哪一种铣刀铣削，其铣削弧深的方向均垂直于铣刀轴线。

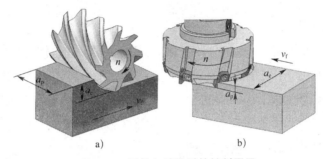

图 1-86 周铣与端铣时的铣削用量

a）周铣时的铣削用量 b）端铣时的铣削用量

3. 铣削速度

铣削速度是选定的切削刃相对于工件的主运动的瞬时速度，用符号 v_c 表示，单位 m/min。在实际工作中，应先选好合适的铣削速度，然后根据铣刀直径计算出转速，它们的相互关系如下：

$$v_c = \frac{\pi d_0 n}{1\ 000}$$

$$\text{或 } n = \frac{1\ 000 v_c}{\pi d_0}$$

式中　v_c——铣削速度，m/min；

　　　d_0——铣刀直径，mm；

　　　n——铣刀转速，r/min。

4. 进给量

进给量是刀具在进给运动方向上相对工件的移位量，可用刀具或工件每转或每行程的移位量来表述和度量，表示方法有三种。

（1）每齿进给量

多齿刀具每转或每行程中每齿相对工件在进给运动方向上的移位量，用符号 f_z 表示，单位为 mm/z，每齿进给量是选择铣削进给速度的依据。

（2）每转进给量

铣刀每转一周，工件相对铣刀所移动的距离称为每转进给量，用符号 f 表示，单位为 mm/r。

（3）进给速度（又称每分钟进给量）

在 1 min 内，工件相对铣刀所移动的距离称为进给速度，用符号 v_f 表示，单位为 mm/min。进给速度是调整机床进给速度的依据。

这三种进给量的关系如下：

$$v_f = fn = f_z zn$$

式中　z——铣刀齿数；

　　　n——铣刀转速，r/min。

5. 铣削用量的选用

在铣削过程中，如果能在一定时间内切除较多的金属，就有较高的生产率。显然，增大铣削深度（铣削宽度）、铣削速度和进给量，都能增加金属切除量。但是，影响刀具寿命最显著的因素是铣削速度，其次是进给量，而铣削深度（铣削宽度）影响最小。所以，为了保证刀具寿命，应当优先采用较大的铣削深度（铣削宽度），其次是选择较大的进给量，最后才是根据刀具寿命要求选择适宜的铣削速度。

铣 削 平 面

一、训练任务

在常用立式铣床和卧式铣床上铣削如图 1-87 所示矩形工件，在立式铣床上铣削大平面，在卧式铣床上铣削窄平面。毛坯材料为 45 钢，毛坯尺寸为 68 mm×55 mm×25 mm。

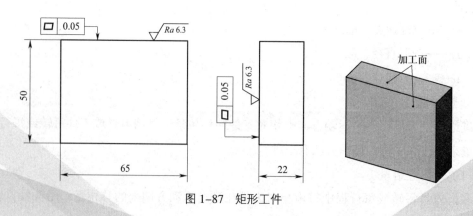

图 1-87　矩形工件

二、制定加工工艺与工艺准备

1. 制定加工工艺

根据图样的精度要求，本任务制定在常用立式铣床、卧式铣床上铣削矩形工件平面的工艺过程。

（1）拟在立式铣床上用可转位面铣刀铣削大平面，如图1-88a所示，其加工工艺过程为：检验预制件→安装机用虎钳→装夹工件→安装面铣刀→粗铣平面→精铣平面→预检平面。

（2）拟在卧式铣床上用圆柱铣刀铣削窄平面，如图1-88b所示，其加工工艺过程为：检验预制件→安装机用虎钳→装夹工件→安装圆柱铣刀→粗铣平面→精铣平面→预检平面。

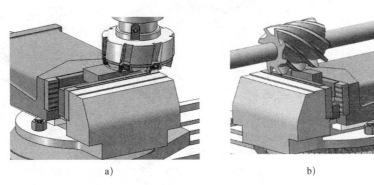

a)   b)

图1-88 加工示意图

a）立式铣床铣削大平面 b）卧式铣床铣削窄平面

2. 工艺准备

（1）选择机床

选用X5032型立式铣床和X6132型卧式铣床。

（2）选择刀具

根据图样给定的工件尺寸，立铣时选择可转位面铣刀，现选用外径为63 mm的可转位面铣刀铣削大平面，根据工件材料，选用K类硬质合金K20牌号，SPAN型方形刀片，如图1-89a所示；卧铣时选择高速钢圆柱螺旋齿铣刀，即选用规格为63 mm×63 mm×27 mm，齿数$z=8$的高速钢粗齿圆柱螺旋齿铣刀铣削窄平面，如图1-89b所示。

（3）选择工件的装夹方式

根据工件尺寸，选择机用虎钳型号规格，现选用Q12125型机用虎钳，钳口宽度为125 mm，钳口最大张开度为100 mm，钳口高度为44 mm。

（4）选择检测方法

1）平面度采用刀口尺或刀口形直角尺进行检测，如图1-90所示。

2）表面粗糙度采用目测比对法检验，表面粗糙度比较样块如图1-91所示。

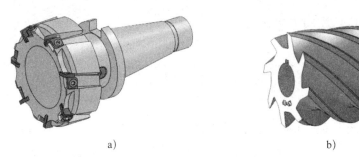

图 1-89　所选刀具

a）可转位面铣刀及刀片　b）高速钢圆柱螺旋齿铣刀

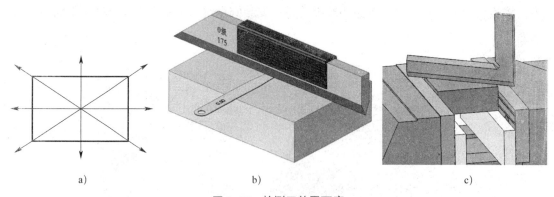

a)　　　　　　　　　　b)　　　　　　　　　　c)

图 1-90　检测工件平面度

a）平面度检测位置　b）刀口尺检测平面度　c）刀口形直角尺检测平面度

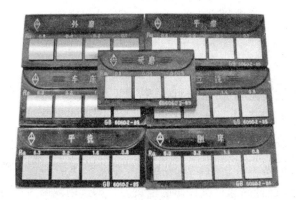

图 1-91　表面粗糙度比较样块

三、平面的铣削加工

1. 加工准备

（1）检验预制件

用钢直尺检验预制件的尺寸，检验毛坯件是否有加工余量，本任务测得预制件基本尺寸为 70 mm × 55 mm × 28 mm，符合要求。

（2）安装机用虎钳

将机用虎钳安装在工作台中间 T 形槽内，用 T 形螺栓固定在台面上。

（3）装夹工件

需要注意的是，此次加工中工件毛坯为原料毛坯，表面质量不好，且可能会有毛刺等，为了保护机用虎钳钳口，装夹工件时在两钳口面垫上铜皮。

（4）安装可转位面铣刀。

（5）选择切削用量

按工件材料（45 钢）和铣刀的规格选择、计算和调整切削用量。

表 1–16 推荐的数值是一般情况下的铣削速度，在实际工作中需按实际情况加以修改。

表 1–16   粗铣时的铣削速度

加工材料				铣削速度 v_c /（m/min）	
名称	牌号	材料状态	硬度（HBS）	高速钢铣刀	硬质合金铣刀
低碳钢	Q235	热轧	131	25 ~ 45	100 ~ 400
	20	正火	156	25 ~ 40	90 ~ 140
中碳钢	45	正火	≤ 229	20 ~ 30	80 ~ 120
		调质	220 ~ 250	15 ~ 25	60 ~ 100
合金结构钢	40Cr	正火	179 ~ 229	20 ~ 30	80 ~ 120
		调质	200 ~ 230	12 ~ 20	50 ~ 80
	38CrSi	调质	255 ~ 305	10 ~ 15	40 ~ 70
	18CrMnTi	调质	≤ 217	15 ~ 20	50 ~ 80
	38CrMoAlA	调质	≤ 310	10 ~ 15	40 ~ 70
不锈钢	20Cr13	淬火、回火	197 ~ 240	15 ~ 20	60 ~ 80
	06Cr19Ni10	淬火	<200	10 ~ 15	40 ~ 70
工具钢	9CrSi	—	197 ~ 241	20 ~ 30	70 ~ 110
	W18Cr4V	—	207 ~ 255	15 ~ 25	60 ~ 100
灰铸铁	HT150	—	163 ~ 229	20 ~ 30	80 ~ 120
	HT200	—	163 ~ 229	15 ~ 25	60 ~ 100

续表

加工材料				铣削速度 $v_c/$（m/min）	
名称	牌号	材料状态	硬度（HBS）	高速钢铣刀	硬质合金铣刀
冷硬铸铁	—	—	52~55HRC	—	5~10
铜及铜合金	—	—	—	50~100	100~200
铝及铝合金	—	—	—	100~300	200~600

表 1-17 推荐的数值为各种常用铣刀在对不同材料工件铣削时的每齿进给量，粗铣时取表中的较大值，精铣时取表中的较小值。

表 1-17　　　　　　　每齿进给量 f_z 的选取　　　　　　　mm/z

工件材料	工件材料的硬度（HBS）	硬质合金		高速钢			
		面铣刀	三面刃铣刀	圆柱铣刀	立铣刀	面铣刀	三面刃铣刀
低碳钢	≤150	0.2~0.4	0.15~0.3	0.12~0.2	0.04~0.2	0.15~0.3	0.12~0.2
	150~200	0.2~0.35	0.12~0.25	0.12~0.2	0.03~0.18	0.15~0.3	0.1~0.15
中、高碳钢	120~180	0.15~0.5	0.15~0.3	0.12~0.2	0.05~0.2	0.15~0.3	0.12~0.2
	180~220	0.15~0.4	0.12~0.25	0.12~0.2	0.04~0.2	0.15~0.25	0.07~0.15
	220~300	0.12~0.25	0.07~0.2	0.07~0.15	0.03~0.15	0.1~0.2	0.05~0.12
灰铸铁	150~180	0.2~0.5	0.12~0.3	0.2~0.3	0.07~0.18	0.2~0.35	0.15~0.25
	180~220	0.2~0.4	0.12~0.25	0.15~0.25	0.05~0.15	0.15~0.3	0.12~0.2
	220~300	0.15~0.3	0.1~0.2	0.1~0.2	0.03~0.1	0.1~0.15	0.07~0.12
可锻铸铁	110~160	0.2~0.5	0.1~0.3	0.2~0.35	0.08~0.2	0.2~0.4	0.15~0.25
	160~200	0.2~0.4	0.1~0.25	0.2~0.3	0.07~0.2	0.2~0.35	0.15~0.2
	200~240	0.15~0.3	0.1~0.2	0.12~0.25	0.05~0.15	0.15~0.3	0.12~0.2
	240~280	0.1~0.3	0.1~0.15	0.1~0.2	0.02~0.08	0.1~0.2	0.07~0.12

续表

工件材料	工件材料的硬度（HBS）	硬质合金		高速钢			
		面铣刀	三面刃铣刀	圆柱铣刀	立铣刀	面铣刀	三面刃铣刀
碳含量≤0.3%的合金钢	125~170	0.15~0.5	0.12~0.3	0.12~0.2	0.05~0.2	0.15~0.3	0.12~0.2
	170~220	0.15~0.4	0.12~0.25	0.1~0.2	0.05~0.1	0.15~0.25	0.07~0.15
	220~280	0.1~0.3	0.08~0.2	0.07~0.12	0.03~0.08	0.12~0.2	0.07~0.12
	280~320	0.08~0.2	0.05~0.15	0.05~0.1	0.025~0.05	0.07~0.12	0.05~0.1
碳含量>0.3%的合金钢	170~220	0.125~0.4	0.12~0.3	0.12~0.2	0.12~0.2	0.12~0.25	0.07~0.15
	220~280	0.1~0.3	0.08~0.2	0.07~0.15	0.07~0.15	0.12~0.2	0.07~0.12
	280~320	0.08~0.2	0.05~0.15	0.05~0.12	0.05~0.12	0.07~0.1	0.05~0.1
	320~380	0.06~0.15	0.05~0.12	0.05~0.1	0.05~0.1	0.05~0.1	0.05~0.1
工具钢	退火状态	0.15~0.5	0.12~0.3	0.07~0.15	0.05~0.1	0.12~0.2	0.07~0.15
	36HRC	0.12~0.25	0.08~0.15	0.05~0.1	0.03~0.08	0.07~0.12	0.05~0.1
	46HRC	0.1~0.2	0.03~0.12	—	—	—	—
	50HRC	0.07~0.1	0.05~0.1	—	—	—	—
镁铝合金	95~100	0.15~0.38	0.125~0.3	0.15~0.2	0.05~0.15	0.2~0.3	0.07~0.2

1）端铣（立铣较大平面）时选取铣削速度 v_c=80 mm/min，每齿进给量 f_z=0.2 mm/z，则铣床主轴转速为：

$$n_1=\frac{1\,000v_c}{\pi D}\approx\frac{1\,000\times80}{3.14\times125}\text{ r/min}\approx203.82\text{ r/min}$$

根据计算转速，结合铣床主轴变速手柄，实际选择主轴转速为 190 r/min。

进给速度为：

$$v_{f1}=f_zzn=0.2\times7\times190\text{ mm/min}=266\text{ mm/min}$$

根据计算进给速度，结合铣床进给变速手轮，实际选择进给速度为 230 mm/min。

2）周铣（卧铣较窄平面）时选取铣削速度 v_c=20 mm/min，每齿进给量 f_z=0.15 mm/z，则铣床主轴转速为：

$$n_2 = \frac{1\,000v_c}{\pi D} \approx \frac{1\,000 \times 20}{3.14 \times 63} \text{ r/min} \approx 101.1 \text{ r/min}$$

根据计算转速，结合铣床主轴变速手柄，实际选择主轴转速为 118 r/min。

进给速度为：

$$v_{f2} = f_z zn = 0.15 \times 8 \times 118 \text{ mm/min} = 141.6 \text{ mm/min}$$

根据计算进给速度，结合铣床进给变速手轮，实际选择进给速度为 150 mm/min。

3）端铣时的铣削层深度为 1 mm，周铣时的铣削层深度为 0.5 mm。铣削层宽度分别为当前加工面的宽度，即 55 mm 或者 28 mm。

2. 铣削加工

（1）端铣平面

1）用机用虎钳装夹工件粗铣大平面，调整工作台，使铣刀处于工件上方，横向调整工作台，使工件和铣刀处于对称铣削的位置。铣除余量 1 mm，保证平面度误差在 0.05 mm 内，过程如图 1–92 所示。

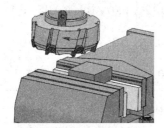
①刀具旋转，置于工件上方

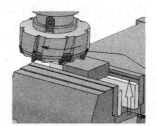
②工件上移，使铣刀擦着工件表面

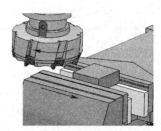
③工作台纵向移出退刀

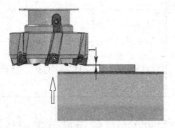
④工作台上移 1 mm

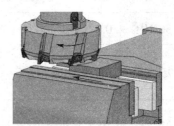
⑤纵向进给，直至切削完整个表面

图 1–92　端铣平面步骤

2）预检平面

①预检的内容主要是铣削后的表面平面度及表面粗糙度。

②用刀口尺检测各个平面的平面度误差。

③用目测比对法参照表面粗糙度比较样块检查表面质量。

（2）周铣平面

1）用机用虎钳装夹工件粗铣窄平面，调整工作台，使铣刀处于工件上方，横向调整工作台，使工件和铣刀处于对称铣削的位置。铣除余量 0.5 mm，保证平面度误差在 0.05 mm 内，过程如图 1–93 所示。

①刀具旋转，置于工件上方

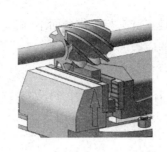
②工件上移，使铣刀擦着工件表面

③工作台纵向移出退刀

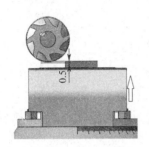
④工作台上移0.5 mm

⑤纵向进给，直至切削完整个表面

图1-93　周铣平面步骤

2）预检平面

①预检的内容主要是铣削后的表面平面度及表面粗糙度。

②用刀口尺检测各个平面的平面度误差。

③用目测比对法参照表面粗糙度比较样块检查表面质量。

（3）本任务的注意要点

1）矩形工件的第一个面的铣削很重要，对后续的表面加工起到基准的作用，因此要选择适当的铣削用量，保证其平面的质量。

2）本任务采用硬质合金可转位铣刀加工，其铣削速度和进给量值都比较大，并且转速相对较高，机动进给速度快，铣削时要细心操作，避免工件走动引起"梗刀"等操作事故。"梗刀"即机械加工中振动所引起的刀具不能切削的现象。

3）本任务中工件是毛坯，表面质量不高，有时会有较多的毛刺等，装夹时一定要在机用虎钳的钳口垫上铜皮，既能保护钳口面免受损伤，又能使装夹更牢靠。

四、平面铣削质量检测和质量分析

1. 质量检测

（1）用刀口尺测量各个表面的平面度时，各个方向的直线度均应在0.05 mm内。

（2）通过目测比对法进行表面粗糙度的检验。本任务中各平面均由可转位铣刀高速铣削完成，表面粗糙度值应不大于$Ra6.3 \mu m$。

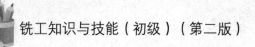

2. 质量分析

（1）平面度超差的主要原因是立铣头与工作台面不垂直。

（2）表面粗糙度值过大的可能原因如下：

1）铣削位置调整不当，采用了不对称顺铣。

2）铣刀刀片型号或者材质选择不对，或铣刀刀片安装精度差。

3）铣床进给爬行、工件装夹不够稳固引起铣削振动。

第二单元
连接面的铣削

📖 **学习目标**

1. 能描述平面与连接面的工艺要求并运用端铣和周铣法铣削平面、平行面、垂直面和斜面。
2. 能制定矩形工件的铣削加工工艺。
3. 会进行平面度、平行度、垂直度的检验与质量分析。
4. 能制定含倾斜面工件的铣削加工工艺，会进行倾斜角度的检验与质量分析。

课题一　垂直面和平行面的铣削

一、垂直面和平行面铣削的技术要求

1. 垂直面铣削的技术要求

与基准面或直线垂直的平面称为垂直面。垂直面铣削的技术要求包括平面度、垂直度和表面粗糙度，还包括垂直面与其他基准（如对应表面的加工余量等）的尺寸精度要求。

2. 平行面铣削的技术要求

与基准面或直线平行的平面称为平行面。平行面铣削的技术要求包括平面度、平行度和表面粗糙度，还包括平行面与基准面的尺寸精度要求。

二、垂直面和平行面的铣削质量检测

1. 垂直度的检测

较小平面的垂直度检验可使用刀口形直角尺（或宽座直角尺）和塞尺配合进行（见图 2-1），塞尺的厚度规格可按垂直度公差来确定。直角尺使用时应采用正确的测量方法（见图 2-2），以免影响测量结果。

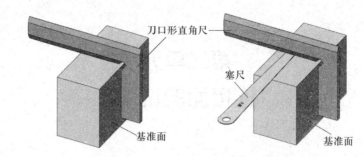

图 2-1　刀口形直角尺和塞尺测量垂直度

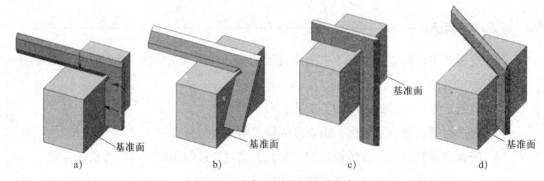

图 2-2　直角尺测量工件垂直度
a）正确　b）、c）、d）错误

　　测量时，可以把直角尺的基面贴紧工件基准面，然后移动直角尺，让测量面逐渐接近并靠上被测表面，观察直角尺与被测表面的接触情况，从而判断垂直度是否符合要求。图 2-3a 所示是垂直的，图 2-3b、c 所示均为不垂直，但是否符合图样要求，则需要使用塞尺配合来判断。

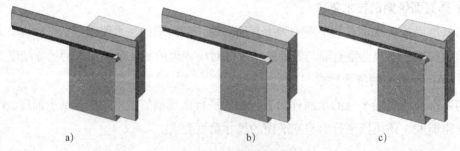

图 2-3　垂直度检测判断
a）垂直　b）不垂直（>90°）　c）不垂直（<90°）

　　当检测较大工件时，可将工件基准面与标准平板贴合，然后用较大规格的直角尺和塞尺配合进行测量；而对于精度要求较高的垂直面的检验，可采用直角铁和百分表配合（见图 2-4）的方法测量，工件下面起垫铁作用的圆柱可防止直角铁倾倒，同时可消除因基准面与下平面不垂直而对测量的影响。

2. 平行度与尺寸精度的检测

平行度用游标卡尺或千分尺检验，检验方法如下：在工件上用游标卡尺或千分尺测量相隔一定距离的厚度值，其差值即为平面的平行度误差，差值控制在图样技术要求的公差范围内即为合格，如图 2-5 所示。根据平面的大小、形状，测量时应合理确定测量点的数目和分布位置。在测量平行度的同时，可测量出零件的尺寸精度。

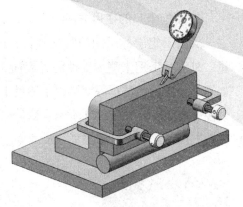

图 2-4　用直角铁和百分表配合测量垂直度

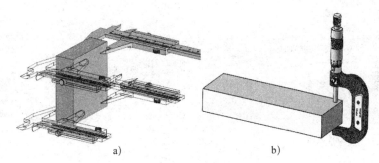

a)　　　　　　　　　　　b)

图 2-5　检测平行度

a）用游标卡尺检测　　b）用千分尺检测

三、游标卡尺及其使用

游标卡尺是铣工应用最多的通用量具，它可以直接测量零件的长度、深度、孔径、孔距等。常用的游标卡尺有Ⅰ型、Ⅱ型、Ⅲ型等。

1. 游标卡尺的结构

Ⅰ型游标卡尺的结构如图 2-6 所示，其测量范围为 0～150 mm。

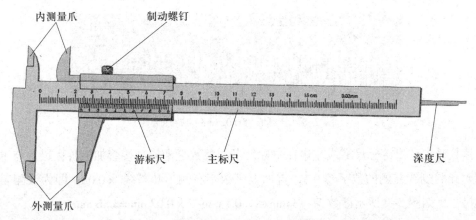

图 2-6　Ⅰ型游标卡尺结构

铣工知识与技能（初级）（第二版）

2. 游标卡尺的使用方法

旋松固定游标尺用的制动螺钉，即可移动游标尺调节内、外测量爪开度大小进行测量。外测量爪用来测量工件的外表面，如外径和长度；内测量爪用于测量工件的内表面，如孔径和各种槽宽；深度尺用于测量工件的深度，铣削加工中一般可用来测量台阶、沟槽以及孔的深度，如图2-7所示。测量时移动游标尺先使其取得需要的尺寸，然后拧紧制动螺钉，读出尺寸，以防测量的尺寸变动。

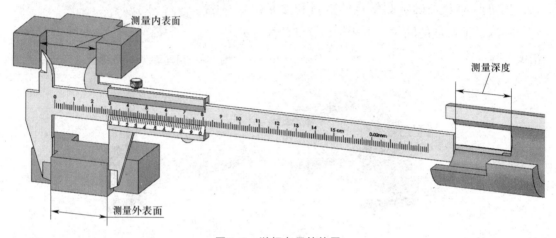

图2-7　游标卡尺的使用

3. 游标卡尺的读数原理和方法

游标卡尺的分度值（游标尺读数值）有0.1 mm、0.05 mm和0.02 mm三种。现在0.1 mm分度值的游标卡尺已很少使用。

读数方法以0.02 mm分度值为例：0.02 mm（1/50）分度值游标卡尺的每小格为1 mm，游标尺刻线总长为49 mm并均分为50格，每格为49 mm÷50=0.98 mm，则主标尺刻线与游标尺刻线一格之间的长度相差为1 mm-0.98 mm=0.02 mm，即分度值为0.02 mm（见图2-8）。

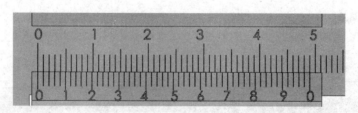

图2-8　分度值为0.02 mm的游标卡尺

读数时先读出游标尺零线左边在主标尺上的整数毫米值，接着加上游标尺上与主标尺刻线对齐的刻线左侧的数字×0.1，再加上该数字右侧第几条线×0.02，即为被测表面的实际尺寸。如图2-9所示读数为：3 mm+8×0.1 mm+3×0.02 mm=3.86 mm。

图 2-9　读数方法

4. 其他游标卡尺

（1）Ⅲ型游标卡尺（见图 2-10）与Ⅰ型游标卡尺相比较，主要区别是增加了微动装置，测量爪布局位置不同，取消了深度尺，增大了测量范围。

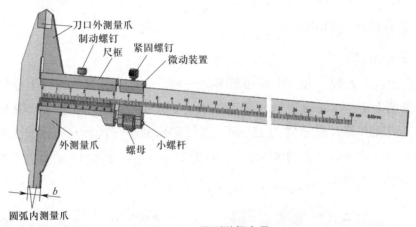

图 2-10　Ⅲ型游标卡尺

　　微动时，拧紧微动装置的紧固螺钉，松开尺框上的制动螺钉，用手指转动螺母，通过小螺杆可实现尺框（游标）的微动调节。刀口外测量爪用来测量沟槽的直径或工件的孔距；内、外测量爪用来测量工件的外径和孔径，测量孔径时，游标卡尺的读数值必须加测量爪的厚度 b 才是孔径值，通常 $b=10\,\text{mm}$。Ⅲ型游标卡尺的测量范围有 $0 \sim 200\,\text{mm}$ 和 $0 \sim 300\,\text{mm}$ 两种。

　　（2）Ⅱ型游标卡尺的测量爪配置与Ⅰ型游标卡尺相同，游标部分则与Ⅲ型相同，增加了微动装置，无深度尺，测量范围有 $0 \sim 200\,\text{mm}$ 和 $0 \sim 300\,\text{mm}$ 两种。

　　（3）台阶的长度也可以用游标深度卡尺来测量，其外形和使用方法如图 2-11 所示。游标深度卡尺的读数原理及方法与普通游标卡尺一样。

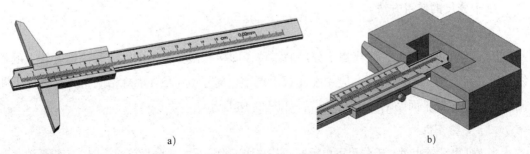

a)　　　　　　　　　　　　　　　　　　　　　b)

图 2-11　游标深度卡尺及使用方法

a）游标深度卡尺　b）使用方法

5. 游标卡尺的使用注意事项

（1）使用前应擦净测量爪，并将测量爪闭合，检查主标尺、游标尺零线是否对齐（见图2-12），若不对齐，应在测量后根据零线不对齐误差修正读数。

（2）测量时不要用测量爪用力压工件，以免测量爪变形或磨损，降低测量的精度。

（3）游标卡尺仅用于测量已加工的光滑表面，表面粗糙的工件不宜测量，以免将测量爪过快磨损。

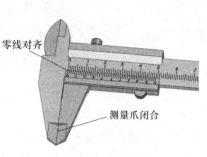

图2-12　零线对齐

四、千分尺及其使用

1. 千分尺的结构

外径千分尺是各种千分尺中应用最多的一种，简称千分尺，外径千分尺属测微螺旋量具（见图2-13），它的测量分度值一般为0.01 mm。由于测微螺杆精度受到制造上的限制，因此其移动量通常为25 mm，所以常用的千分尺测量范围分为0～25 mm、25～50 mm、50～75 mm、75～100 mm等。每隔25 mm为一个规格；测量大于500 mm的，每隔100 mm为一个规格。

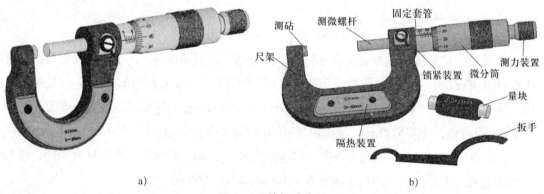

a)   b)

图2-13　外径千分尺

a）0～25 mm规格外径千分尺　b）25～50 mm规格外径千分尺

2. 千分尺的使用方法

（1）零位检查

测量工件尺寸之前，应检查千分尺的零位，即检查微分筒上的零线和固定套管上的零线基准是否对齐，若不对齐，应用配套扳手调整。对于0～25 mm规格的千分尺，只需测砧面和测微螺杆平面贴平后对正"0"，如图2-14所示。

（2）测量工件

当工件尺寸较小时，千分尺可单手握；若在加工中测量，千分尺可双手握；当需要测量台阶或沟槽深度时，也可选择深度千分尺进行测量，其读数原理与普通千分尺相同（见图2-15）。

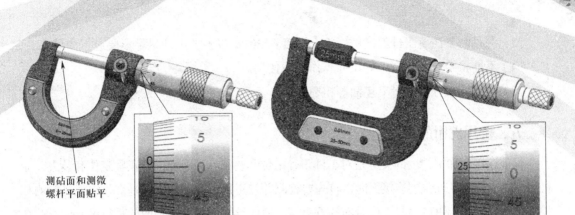

测砧面和测微
螺杆平面贴平

a)

b)

图 2-14 千分尺对零

a）0 ~ 25 mm 千分尺 b）有标准量棒的千分尺

3. 千分尺的读数原理和方法

由于固定套管沿轴向刻度每小格为 0.5 mm，微分筒圆周上分为 50 小格，测微螺杆的螺距为 0.5 mm，所以微分筒每转一周必带动测微螺杆移动 0.5 mm。因此当微分筒转过一小格（1/50 周），测微螺杆移动距离为：0.5 mm × 1/50＝0.01 mm。

这就是千分尺测量尺寸时可以读到 0.01 mm 的原理。因此外径千分尺的分度值为 0.01 mm，小于游标卡尺的分度值。

千分尺读数的步骤：先读出微分筒左侧固定套管上露出刻线的整毫米及半毫米数值；再读出微分筒上哪一格刻线与固定套管基准线对齐（这一格刻线 ×0.01），将上述读数相加即为测得实际尺寸。

图 2-15 深度千分尺测量工件

如图 2-16a 所示读数为 7 mm+38 × 0.01 mm＝7.38 mm。图 2-17b 所示读数为 32 mm+0.5 mm+35 × 0.01 mm＝32.85 mm。

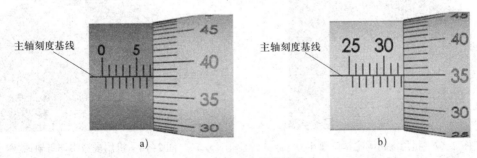

主轴刻度基线

主轴刻度基线

a)

b)

图 2-16 千分尺的读数

4. 千分尺的使用注意事项

（1）使用前后均应将千分尺擦拭干净，使用后应涂防锈油，放在盒内妥善保管。

（2）不准在旋转的工件上进行测量。

（3）测量时要注意工件温度的影响，温度在 30 ℃ 以上的工件尽量不要进行测量。

（4）不准将千分尺先调整好尺寸当作卡规使用。

（5）不准用千分尺测量毛坯面等粗糙表面。

五、机用虎钳的校正

保证连接面加工精度的关键是对工件正确定位和装夹。为保证工件正确定位和装夹，在机用虎钳上装夹工件铣削连接面时，首先要检测并校正机用虎钳的定位基准，也就是检测和校正机用虎钳固定钳口面与工作台面的垂直度和钳体导轨面与工作台面的平行度，使之符合要求。

1. 固定钳口面与工作台面垂直度的校正

在机用虎钳上装夹并加工高精度工件时，若以其固定钳口面为定位基准，必须检测并校正固定钳口与工作台面的垂直度。检测时，为使垂直度误差明显，选一块表面磨得光滑平整的平行垫铁，紧贴在固定钳口面上，并在活动钳口处横向夹一圆棒，将平行垫铁夹牢。在上下 200 mm 的垂直移动中，若百分表读数的变动量在 0.03 mm 以内为合适（见图 2-17）。否则，就要修整固定钳口面或在平面磨床上修磨固定钳口铁平面。

2. 钳体导轨面与工作台面平行度的校正

在机用虎钳上装夹工件铣削平面，若以其钳体导轨面为定位基准，就先要检测并校正钳体导轨面与工作台面的平行度。检测时，将一块表面光滑平整的平行垫铁擦净后放在钳体导轨面上，观察百分表检测平行垫铁平面时的读数是否符合要求，如图 2-18 所示。如有必要，可在平面磨床上修磨钳体导轨面。

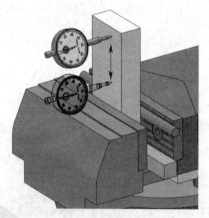

图 2-17　机用虎钳固定钳口面与工作台面垂直度校正

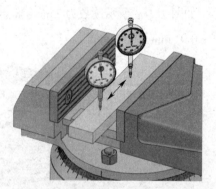

图 2-18　机用虎钳钳体导轨面与工作台面平行度校正

六、垂直面的铣削

铣削与基准面相互垂直的平面称为铣垂直面。垂直面铣削除了像平面铣削那样需要保证其平面度和表面粗糙度的要求之外，还需要保证相对基准面的位置精度，即垂直度要求。

铣削垂直面时关键的问题是保证工件定位的准确与可靠，当工件在机用虎钳上装夹时，要保证基准面与固定钳口紧贴并在铣削时不产生移动。因此，在装夹时可采取以下措施。

1. 利用圆棒消除过定位

擦拭干净固定钳口和工件的定位基准面，将工件的基准面紧贴固定钳口，并在工件与活动钳口之间、位于活动钳口一侧中心的位置上加一根圆棒，以保证工件的基准面在夹紧后仍然与固定钳口贴合。

2. 机用虎钳的钳口方向

在卧式铣床上铣削垂直面，装夹时钳口的方向可与工作台进给方向垂直，如图 2-19a 所示，其目的是使铣削时切削力朝向固定钳口，以保证铣削过程中工件的位置不发生移动。但对于较薄或较长的工件，则一般采用钳口的方向与工作台纵向进给方向平行的方法，如图 2-19b 所示。

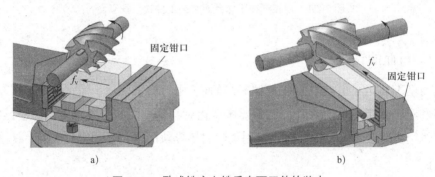

图 2-19 卧式铣床上铣垂直面工件的装夹

3. 装夹薄而宽的工件

对于薄而宽的工件可选择用直角铁装夹来进行铣削或直接装夹在工作台面上进行铣削，如图 2-20 所示。

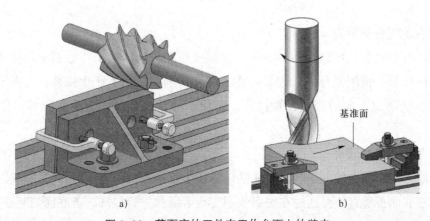

图 2-20 薄而宽的工件在工作台面上的装夹

a）用直角铁装夹 b）直接装夹在工作台面上

4. 装夹基准面窄长的工件

若工件的基准面窄长，可用靠铁进行定位，在卧式铣床的工作台面上装夹工件，然后采用端铣的方法铣削垂直面。用压板将靠铁轻轻压上，再用百分表校正定位基准面，使其与工作台面横向平行，然后将基准面靠向靠铁基准面，如图 2-21 所示。此方法铣出的表面，可同时保证与靠铁和工作台面相接触的两个基准面相互垂直。

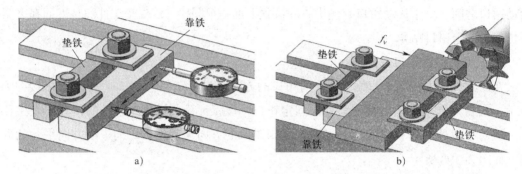

图 2-21 用靠铁在工作台面装夹工件铣削垂直面

七、平行面的铣削

铣削与基准面相互平行的平面称为铣平行面。平行面铣削除了像铣平面那样需要保证其平面度和表面粗糙度的要求外，还需要保证相对其基准面的位置精度，即平行度要求。因此在用机用虎钳装夹进行铣削时，机用虎钳钳体导轨面是主要的定位表面，铣削时装夹方法如下。

1. 利用机用虎钳装夹工件

由于铣削时是以钳体导轨面为定位基准，因此要先检测钳体导轨面与工作台面的平行度是否符合要求。若不平行，可采取在导轨面或底座上加垫纸片的方法加以校正；若平行，可直接将基准面放置在钳体导轨面或者平行垫铁表面，夹紧后加工平行面。

2. 有台阶工件的装夹

若工件上有台阶，可直接用压板将工件装夹在立式铣床的工作台面上，使其基准面与工作台面贴合，铣削平行面；为了防止工件在铣削力作用下产生位移，可在没有布置压板且迎着铣削力方向的侧面设置挡铁，避免工件在铣削过程中发生位移，如图 2-22 所示。

3. 扁平状工件的装夹

若工件为面积较大的扁平状，且铣削以侧面为基准面的平行面时，可用定位键定位，若底面与基准面不垂直，可通过在底面垫铜皮或者纸片进行校准；若底面与基准面垂直，则可同时保证铣出的平面与基准面平行，与底面垂直，如图 2-23 所示。

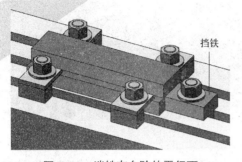

图 2-22 端铣有台阶的平行面

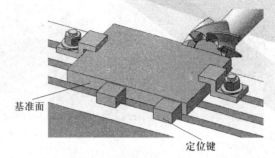

图 2-23 面积较大的扁平状工件在工作台面上的装夹

在立式铣床上铣削扁平状矩形工件

一、训练任务

在立式铣床上铣削如图 2-24 所示的扁平状矩形工件。毛坯材料为 HT200，毛坯尺寸为 70 mm × 55 mm × 28 mm。

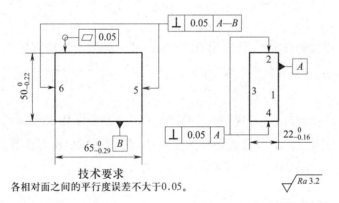

技术要求
各相对面之间的平行度误差不大于0.05。

图 2-24 扁平状矩形工件

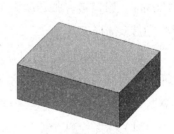

二、制定加工工艺与工艺准备

1. 制定在立式铣床上铣削加工矩形工件工艺过程

根据图样的精度要求，本任务在立式铣床上用可转位面铣刀加工，其加工工艺过程为：检验预制件→安装、检查机用虎钳→装夹工件→安装面铣刀→粗铣矩形工件六面→精铣矩形工件六面→检验矩形工件。粗铣矩形工件六面的铣削顺序如图 2-25 所示。

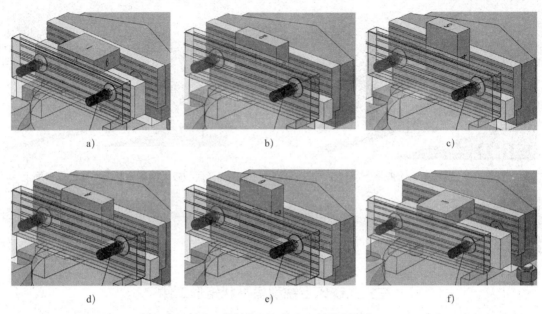

图 2-25　粗铣矩形工件六面的铣削顺序

2. 工艺准备

（1）选择机床

选用 X5032 型立式铣床或者类似的立式铣床。

（2）选择工件的装夹方式

根据工件尺寸，选择机用虎钳型号规格，现选用 Q12125 型机用虎钳，钳口宽度为 125 mm，钳口最大张开度为 100 mm，钳口高度为 44 mm。

（3）选择刀具

根据图样给定的工件尺寸选择可转位面铣刀规格，现选用外径为 125 mm 和 63 mm 的可转位面铣刀，分别铣削大平面和侧面，也可只选外径为 125 mm 的，可减少换刀次数。根据工件材料，选用 K 类硬质合金 K20 牌号，SPAN 型（方形）刀片。

（4）选择检测方法

1）平面度采用刀口尺进行检测。

2）垂直度用直角尺和塞尺进行测量。

3）平行面之间的平行度及尺寸精度用游标卡尺或千分尺测量，本任务工件尺寸精度要求不高，游标卡尺即可。

4）表面粗糙度采用目测比对法检验。

三、工件铣削加工

1. 加工准备

（1）检验预制件

1）用钢直尺检验预制件的尺寸，并结合各表面的垂直度、平行度情况，检验毛坯件是否有加工余量，本任务测得预制件基本尺寸为 70 mm × 55 mm × 28 mm。

2）综合考虑平面的表面粗糙度、平面度以及相邻面的垂直度，在两个 70 mm × 55 mm 大平面中选择一个作为粗铣基准面。

（2）安装机用虎钳

将机用虎钳安装在工作台中间 T 形槽内，用 T 形螺栓固定在台面上。

（3）装夹工件。

（4）安装可转位面铣刀。

（5）选择切削用量

按工件材料（HT200）和铣刀的规格选择、计算和调整切削用量。

1）粗铣时选取铣削速度 v_c=80 mm/min，每齿进给量 f_z=0.15 mm/z，则铣床主轴转速为：

$$n_1 = \frac{1\,000 v_c}{\pi D} \approx \frac{1\,000 \times 80}{3.14 \times 125} \text{ r/min} \approx 203.82 \text{ r/min}$$

根据计算转速，结合铣床主轴变速手柄，实际选择主轴转速为 190 r/min。

进给速度为：

$$v_{f1} = f_z z n = 0.15 \times 7 \times 190 \text{ mm/min} = 199.5 \text{ mm/min}$$

根据计算进给速度，结合铣床进给变速手轮，实际选择进给速度为 190 mm/min。

2）精铣时选取铣削速度 v_c=190 mm/min，每齿进给量 f_z=0.05 mm/z，则铣床主轴转速为：

$$n_2 = \frac{1\,000 v_c}{\pi D} \approx \frac{1\,000 \times 90}{3.14 \times 125} \text{ r/min} \approx 229.3 \text{ r/min}$$

根据计算转速，结合铣床主轴变速手柄，实际选择主轴转速为 235 r/min。

进给速度为：

$$v_{f2} = f_z z n = 0.05 \times 7 \times 235 \text{ mm/min} = 82.25 \text{ mm/min}$$

根据计算进给速度，结合铣床进给变速手轮，实际选择进给速度为 90 mm/min。

3）粗铣时的铣削层深度为 2 mm，精铣时铣削层深度为 0.5 mm。铣削层宽度分别为当前加工面的宽度，即 28 mm 或者 55 mm。

2. 矩形工件的铣削加工

（1）粗铣矩形工件

1）用机用虎钳装夹工件粗铣平面1。

2）翻转工件，使已加工平面1紧贴机用虎钳固定钳口面，夹紧工件，粗铣平面2，调整工作台，采用对称端铣，单面铣削余量2.5 mm，保证与平面1的垂直度误差在0.05 mm之内，如图2-26所示。若铣出的垂直度误差较大，应用百分表复核机用虎钳固定钳口面与机床工作台面的垂直度，并用垫纸片的方法保证钳口面与工作台面的垂直度。

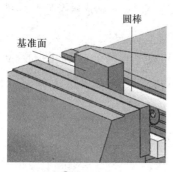

① 装夹工件

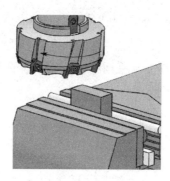

② 刀具旋转，置于工件上方

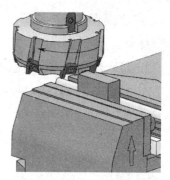

③ 工件上移，使铣刀擦着工件表面

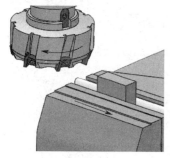

④ 工作台纵向移出退刀

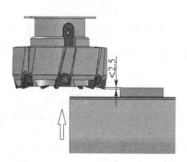

⑤ 工作台上移小于切削余量距离

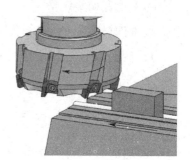

⑥ 纵向进给，直至切削完整个表面

图 2-26　铣削矩形工件面 2 的步骤

注：对刀后进给切削时，为了防止在加工过程中由于余量不足导致无法保证尺寸，一般一对平行对面之中，先加工的一面以表面能切削出来并保证平面度为准，把余量留在加工对面平行面时切削。

3）翻转工件，铣削与基准面 1 及平面 2 同时有垂直关系的平面 5。由于基准面 1 与固定钳口面贴合，可以保证平面 5 与基准面 1 垂直，由于此时还需保证平面 5 与已加工表面 2 垂直，因此装夹时要用直角尺或百分表来保证平面 2 与工作台面垂直，如图 2-27 所示。

装夹完成后，用加工平面 2 同样的步骤铣削加工平面 5，并在工件取下前再次检测平面 5 与平面 2 之间的垂直度。

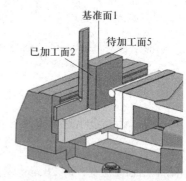

图 2-27　用直角尺找正工件侧面

4）翻转工件，铣削平面 4、6。仍然以平面 1 为基准，此时所加工的平面 4、6 分别为平面 2、5 的对面，因此在保证平面 4、6 与基准面 1 垂直的同时，还需保证与相邻的侧面垂直，并且作为平面 2、5 的对面，在平面 2、5 已经加工完毕的情况下，还需保证两对面之间的尺寸精度。图 2-28 所示为加工平面 4 的步骤。

以基准面贴紧固定钳口，加工面的对面（之前加工的垂直面）应贴紧平行垫铁装夹工件，如图 2-29 所示。

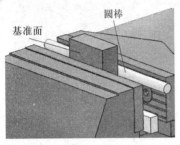

① 装夹工件

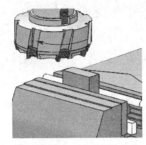

② 刀具旋转，置于工件上方

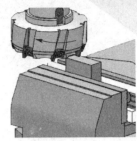

③ 工件上移，使铣刀擦着工件表面

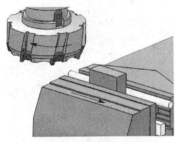

④ 工作台纵向移出退刀

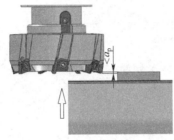

⑤ 工作台上移小于切削余量距离

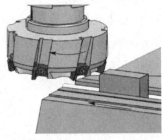

⑥ 工作台纵向进给，试切一个缺口

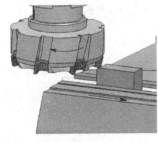

⑦ 工作台移动，退刀

⑧ 观察试切切口情况，测量确认实际余量

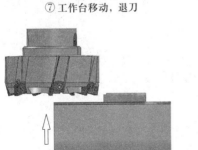

⑨ 根据测量的实际余量值，上移工作台，进刀至全部计算余量，留精铣余量即可

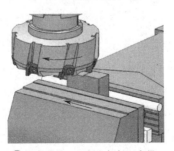

⑩ 纵向进给，切削全部加工余量

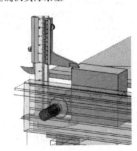

⑪ 再次检测工件尺寸

图 2-28 加工平面 4 的步骤

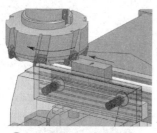

① 加工完平面4（保证尺寸50）　　② 松开工件，按图示方向翻转90°　　③ 加工平面6（保证尺寸65）

图 2-29　加工平面 6，保证尺寸 65

　　加工时除要保证平面 6 与平面 1（基准面）的垂直度，还要保证与平面 2 和平面 4（相邻的两个窄面）的垂直度，因此装夹时要按图 2-30 所示方法装夹工件，以确保垂直度。

　　工件装夹好以后，加工步骤及顺序与加工平面 4 时一样。

　　5）翻转工件，以平面 1 为主基准，4 为辅助基准，将平面 1 与机用虎钳的钳体面贴合，或者在两者之间加垫精密平行垫铁，铣削平行面 3，具体步骤如图 2-31 所示。

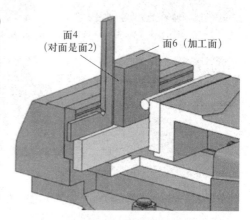

面4（对面是面2）　　面6（加工面）

图 2-30　加工平面 6 时的工件装夹

　　（2）预检、精铣各面

　　1）预检的内容主要是粗铣后各相对面的平行度、各相邻面的垂直度以及尺寸余量。

　　2）用游标卡尺或千分尺测量尺寸 50 mm、22 mm、65 mm 的实际余量，本任务测得粗铣后的实际尺寸为 50.85 ~ 50.90 mm、22.75 ~ 22.85 mm、65.92 ~ 66.05 mm。

　　3）用刀口尺检测各个平面的平面度误差。

　　4）用刀口形直角尺测量侧面、端面与大平面的垂直度误差。

　　5）检查可转位铣刀的刀尖质量、磨损情况，按精铣数据调整主轴转速和进给量。

　　6）按粗铣步骤依次精铣平面 1、2、5、4、6、3。相对面第一面的铣削层深度为 0.3 mm，第二面铣削时以尺寸公差为依据，确定铣削余量。

　　（3）注意事项

　　本任务是扁平状矩形工件，铣削过程中应注意以下要点。

　　1）基准大平面的铣削很重要，因此，在加工中要先使基准大平面达到平面度、平行度及尺寸精度要求，然后依次加工其他侧面和端面等连接面。

　　2）本任务采用硬质合金可转位铣刀加工，其铣削速度和进给量值都比较大，并且转速高，机动进给速度快，铣削时要细心操作，避免工件走动引起"梗刀"等操作事故。

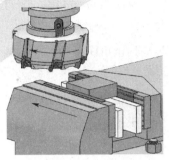

① 刀具旋转，置于工件上方

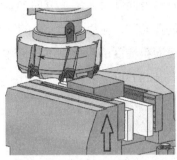

② 工件上移，使铣刀擦着工件表面

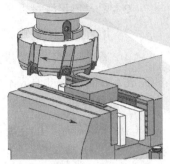

③ 工作台纵向移出退刀

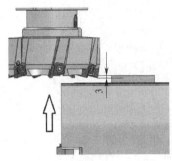

④ 工作台上移3 mm左右进刀

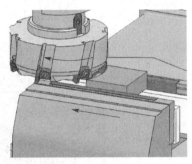

⑤ 纵向进给试切，切出一个月牙形台阶

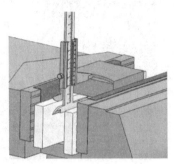

⑥ 铣刀退出，测量当前实际余量（尺寸）

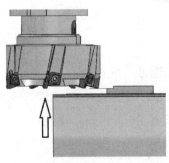

⑦ 根据测量的实际余量值，上移工作台，进刀至全部计算余量，留精铣余量即可

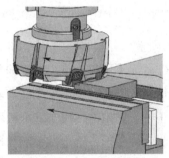

⑧ 纵向进给，切削全部加工余量

⑨ 再次检测工件尺寸，并对工件多点测量，判断平行度

图 2-31　铣削平行面 3 的步骤

3）本任务中工件的装夹比较频繁，操作中应严格按照工件装夹要求，使工件达到定位夹紧的精度要求。

四、扁平状矩形工件的质量检测和质量分析

1. 质量检测

（1）用千分尺测量平行面之间的尺寸分别应在 64.71 ~ 65 mm、49.78 ~ 50 mm、21.84 ~ 22 mm 范围内。但由于平行度公差为 0.05 mm，因此千分尺测得的每一对平行面之间多点测量数据最大偏差应在 0.05 mm 内。

（2）用刀口尺测量各个表面的平面度时，各个方向的直线度均应在 0.05 mm 内。

（3）用直角尺测量相邻面垂直度时，应以 0.05 mm 的塞尺不能塞入缝隙为合格。

（4）通过目测比对法进行表面粗糙度的检验。本任务中各平面均由可转位铣刀高速铣削完成，表面粗糙度值应不大于 $Ra3.2\ \mu m$。

2. 质量分析

（1）平面度超差的主要原因是立铣头与工作台面不垂直，如图 2-32 所示。

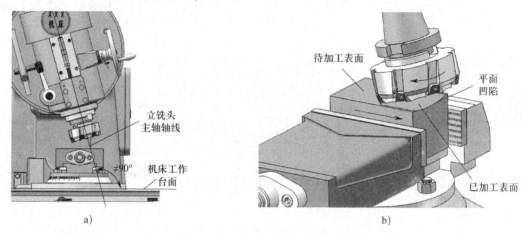

图 2-32　立铣头与工作台面不垂直导致工件表面凹陷

a）立铣头与工作台面不垂直　b）工件表面凹陷

（2）影响垂直度和平行度的因素

1）机用虎钳固定钳口与工作台面不垂直，铣出的平面与基准面不垂直。

2）平行垫铁不平行或圆柱铣刀有锥度，铣出的平面与基准面不垂直或不平行。

3）铣端面时固定钳口未校正好，铣出的端面与基准面不垂直。

4）装夹时夹紧力过大，引起工件变形，铣出的平面与基准面不垂直或不平行。

（3）影响平行面之间尺寸精度的因素

1）调整切削层深度时看错刻度盘，手柄摇过头，没有消除丝杠螺母副的间隙，直接退回，造成尺寸铣错。

2）读错图样上标注的尺寸，测量错误。

3）工件或平行垫铁的平面没有擦净，垫有杂物，使尺寸发生变化。

4）精铣对刀时切痕太深，调整切削层深度时没有去掉切痕，使尺寸铣小。

（4）表面粗糙度值过大的可能原因

1）铣削位置调整不当，采用了不对称顺铣。

2）铣刀刀片型号或者材质选择不对，或铣刀刀片安装精度差。

3）铣床进给爬行、工件装夹不够稳固引起铣削振动。

在卧式铣床上铣削长条状矩形工件

一、训练任务

在卧式铣床上铣削如图 2-33 所示的长条状矩形工件。毛坯材料为 45 钢，毛坯尺寸为 210 mm × 80 mm × 70 mm。

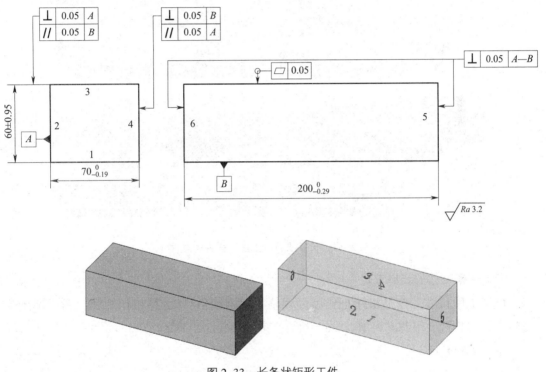

图 2-33　长条状矩形工件

二、制定加工工艺与工艺准备

1. 制定加工工艺

根据图样的精度要求，本任务在立式铣床上加工，其加工工艺过程为：检验预制件→安装机用虎钳→装夹工件→安装圆柱铣刀→粗铣四侧面→预检、精铣四侧面→机用虎钳回转 90°安装并找正→换装套式面铣刀→粗、精铣两端面→检验矩形工件。长条状矩形工件六面铣削顺序如图 2-34 所示。

2. 工艺准备

（1）选择机床

本任务选用 X6132 型卧式铣床。

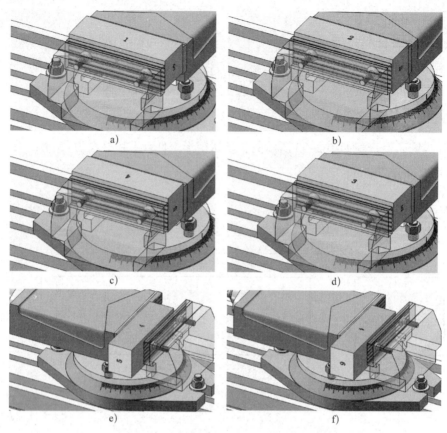

图 2-34　长条状矩形工件六面铣削顺序

（2）选择工件的装夹方式

根据工件尺寸，选择机用虎钳型号规格，现选用 Q12125 型机用虎钳，钳口宽度为 125 mm，钳口最大张开度为 100 mm，钳口高度为 44 mm。

（3）选择刀具

根据图样给定的平面最大宽度尺寸选择圆柱铣刀和套式面铣刀。选用外径 63 mm、长度 80 mm 的粗齿（6 齿）圆柱铣刀（见图 2-35a）粗铣四侧面，选用尺寸规格相同的细齿（10 齿）圆柱铣刀（见图 2-35b）精铣四侧面；选用外径 80 mm、长度 45 mm（10 齿）的套式面铣刀（见图 2-35c）粗、精铣两端面。

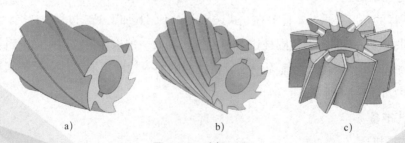

图 2-35　选择刀具

a）粗齿圆柱铣刀　b）细齿圆柱铣刀　c）套式面铣刀

（4）选择检测方法

1）平面度采用刀口尺进行检测。

2）垂直度用刀口形直角尺和塞尺进行测量。

3）平行面之间的平行度及尺寸精度用游标卡尺或千分尺测量。

4）表面粗糙度采用目测比对法检验。

三、长条状矩形工件的铣削加工

1. 加工准备

（1）检验预制件

1）用钢直尺检验预制件的尺寸，并结合各表面的垂直度、平行度情况，检验毛坯件是否有加工余量，本任务测得预制件基本尺寸为 208 mm × 79 mm × 70 mm。

2）综合考虑平面的表面粗糙度、平面度以及相邻面的垂直度，在两个 208 mm × 79 mm 的平面中选择一个作为粗铣基准面。

（2）安装机用虎钳

将机用虎钳安装在工作台中间 T 形槽内，用 T 形螺栓固定在台面上，安装时注意机用虎钳底部与铣床工作台面之间的清洁。

（3）装夹工件

铣削平面 1、2、3、4 时，采用机用虎钳装夹工件，并且使固定钳口与工作台纵向平行，如图 2-36a 所示；铣削平面 5、6 时，机用虎钳与工作台横向平行。因工件尺寸原因，在铣削 5、6 两个平面时不用垫铁，如图 2-36b 所示。

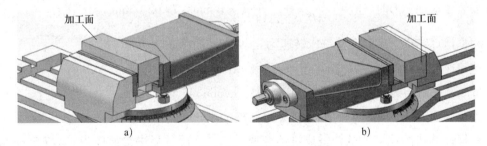

图 2-36 装夹工件

a）铣削平面 1、2、3、4 b）铣削平面 5、6

（4）安装铣刀

使用长铣刀杆安装圆柱铣刀，粗铣平面 1、2、3、4 时安装粗齿圆柱铣刀（见图 2-37a），精铣时换装细齿圆柱铣刀（见图 2-37b）；铣削平面 5、6 时，换装套式面铣刀（见图 2-37c）。

（5）选择切削用量

按工件材料（45 钢）和铣刀的规格选择、计算和调整切削用量。

1）粗铣时选取铣削速度 v_c=18 mm/min，每齿进给量 f_z=0.10 mm/z，则铣床主轴转速为：

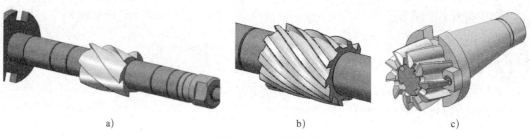

a)　　　　　　　　　　b)　　　　　　　　　　c)

图 2-37　安装铣刀

安装圆柱铣刀时，$n_1 = \dfrac{1\,000v_c}{\pi D} \approx \dfrac{1\,000 \times 18}{3.14 \times 63}$ r/min ≈ 90.99 r/min。

安装套式面铣刀时，$n_2 = \dfrac{1\,000v_c}{\pi D} \approx \dfrac{1\,000 \times 18}{3.14 \times 80}$ r/min ≈ 71.66 r/min。

根据计算结果，实际调整铣床转速为 n_1=95 r/min，n_2=75 r/min。

进给速度为：

安装圆柱铣刀时，$v_{f1} = f_z zn = 0.10 \times 6 \times 95$ mm/min=57 mm/min。

安装套式面铣刀时，$v_{f2} = f_z zn = 0.10 \times 10 \times 75$ mm/min=75 mm/min。

根据计算进给速度，结合铣床进给变速手轮，实际选择进给速度为 v_{f1}=47.5 mm/min，v_{f2}=75 mm/min。

2）精铣时选取铣削速度 v_c=20 mm/min，每齿进给量 f_z=0.05 mm/z，则铣床主轴转速为：

安装圆柱铣刀时，$n_1 = \dfrac{1\,000v_c}{\pi D} \approx \dfrac{1\,000 \times 20}{3.14 \times 63}$ r/min ≈ 101.1 r/min。

安装套式面铣刀时，$n_2 = \dfrac{1\,000v_c}{\pi D} \approx \dfrac{1\,000 \times 20}{3.14 \times 80}$ r/min ≈ 79.62 r/min。

根据计算结果，实际调整铣床转速为 n_1=95 r/min，n_2=75 r/min。

进给速度为：

安装圆柱铣刀时，$v_{f1} = f_z zn = 0.05 \times 10 \times 95$ mm/min=47.5 mm/min。

安装套式面铣刀时，$v_{f2} = f_z zn = 0.05 \times 10 \times 75$ mm/min=37.5 mm/min。

根据计算进给速度，结合铣床进给变速手轮，实际选择进给速度为 v_{f1}=47.5 mm/min，v_{f2}=37.5 mm/min。

3）粗铣时铣削层深度为 2.5 mm，精铣时铣削层深度为 0.5 mm。铣削层宽度范围为 60～80 mm。

2. 铣削加工

（1）粗铣平面 1、2、3、4

1）用机用虎钳装夹工件粗铣平面 1，调整工作台，使铣刀处于工件上方，横向调整工作台，使工件和铣刀处于对称铣削的位置。分两次铣除余量 4 mm，保证平面度误差在 0.05 mm 内，如图 2-38 所示。

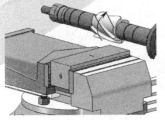

① 刀具旋转，置于工件上方

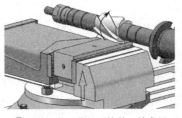

② 工件上移，使铣刀擦着工件表面

③ 工作台纵向移出退刀

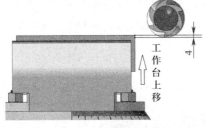

④ 工作台上移4 mm

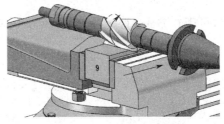

⑤ 纵向进给，直至切削完整个表面

图 2-38 铣削长条状矩形工件基准面步骤

2）以平面 1 为基准铣削垂直面 2 和 4。翻转工件，使已加工平面 1 紧贴机用虎钳固定钳口面，活动钳口与平面 3 之间加垫一圆棒，夹紧工件，如图 2-39 所示。粗铣平面，调整工作台，单面铣削余量 4 mm，保证平面度误差、与平面 1 的垂直度误差均在 0.05 mm 之内，具体操作步骤与铣削平面 1 相同。

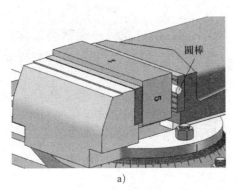

a)

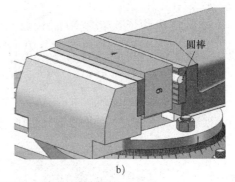

b)

图 2-39 铣削长条状矩形工件基准面两侧面
a）铣平面 2 b）铣平面 4

3）以平面 2 为侧面基准，平面 1 为底面基准，铣削平面 3。保证与平面 2 之间的垂直度误差在 0.05 mm 内。由于平面 2 和 4 都是已加工的表面，因此与钳口之间不用加垫铜皮或者圆棒，如图 2-40 所示。

装夹完成后，用与铣削平面 1 同样的步骤铣削平面 3。

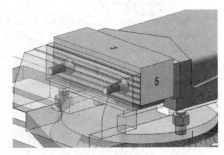

图 2-40 铣削长条状矩形工件基准面对面

（2）预检、精铣平面 1、2、3、4

1）预检的内容主要是粗铣后各相对面的平行度、各相邻面的垂直度以及两对已加工平行面之间的尺寸余量。

2）用游标卡尺或千分尺测量尺寸 60 mm、70 mm 的实际余量，本任务测得粗铣后的实际尺寸为 61.05 ~ 61.07 mm、71.08 ~ 71.12 mm，预检显示有足够的精铣余量且两对平行面之间的平行度误差在图样允许的公差范围内。

3）用刀口尺测量各面的平面度，用刀口形直角尺测量各相邻面之间的垂直度，实际误差范围可用 0.05 mm 厚度的塞尺判断，若 0.05 mm 塞尺均不能通过缝隙，则误差值均在 0.05 mm 内，如图 2-41 所示。

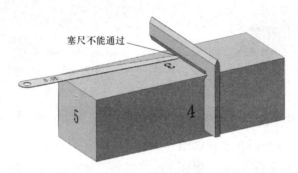

图 2-41　检验垂直度

4）换装细齿圆柱铣刀，如图 2-42 所示，按精铣数据 n_1、v_{f1} 调整主轴转速和进给量。

5）按粗铣步骤依次精铣平面 1、2、3、4。注意，相对面第一面铣削层深度约为 0.3 mm，第二面铣削时以尺寸公差为依据，根据第一面铣削后测得的实际尺寸来确定余量。

（3）粗铣端面 5、6

1）换装套式面铣刀，如图 2-43 所示，安装后注意铣刀的轴向圆跳动误差。

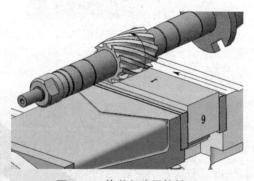

图 2-42　换装细齿圆柱铣刀

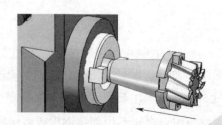

图 2-43　换装套式面铣刀

2）松开机用虎钳上的紧固螺母，将机用虎钳水平回转 90°，略紧固螺母后，用百分表找正机用虎钳钳口与工作台横向进给方向平行，如图 2-44 所示。找正的方法如

图 2-45a 所示。找正时注意防止百分表座和连接杆的松动影响找正精度，若不慎将百分表跌落，会造成百分表损坏。进行找正时，先将百分表测头与固定钳口长度方向中部接触，然后横向移动工作台，根据指示值误差微量调整回转角度，直至钳口与横向平行。同时，垂向移动工作台，可以校核固定钳口与工作台面的垂直度误差。当工件垂直度要求不高时，也可采用宽座直角尺找正，如图 2-45b 所示。

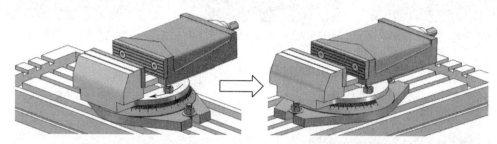

图 2-44 调整机用虎钳方向

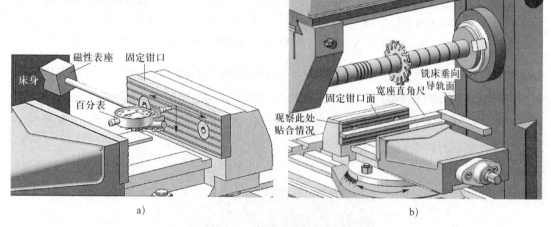

a)

b)

图 2-45 机用虎钳找正方法

3）以平面 1 和 2 为基准装夹工件，铣削平面 6，靠近铣刀一端伸出的部分尽可能短一些，如图 2-46 所示，铣除余量为 3.5 mm，垂直度误差在 0.05 mm 内。铣削完成后重新装夹工件，用同样的方法铣削平面 5。

（4）预检、精铣端面 5、6

1）预检端面的垂直度误差及尺寸余量。

2）检查套式面铣刀刀尖质量。

3）对刀，精铣一侧端面，铣除余量为 0.3 mm。

4）掉头装夹工件，重新对刀，测量实际尺寸并根据尺寸要求计算实际余量，精铣另一端面，达到尺寸精度。

（5）端面铣削过程中的注意事项

1）用机用虎钳装夹工件铣削端面，与侧面基准的垂直度取决于机用虎钳固定钳口的

铣工知识与技能（初级）（第二版）

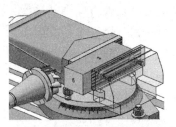
① 刀具旋转，置于工件前方

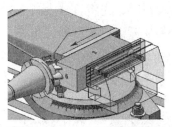
② 横向进给，使铣刀擦着工件表面

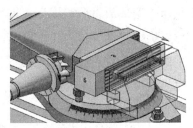
③ 工作台纵向移出退刀

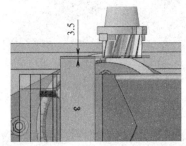
④ 工作台横向进给3.5 mm

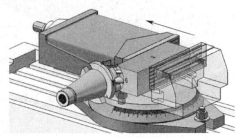
⑤ 纵向进给，直至切削完整个表面

图 2-46　铣削长条状矩形工件端面 6 的步骤

找正精度。因此固定钳口与工作台横向的平行度误差应在 0.02 mm 之内。与底面基准的垂直度则取决于工件的装夹精度，因端面铣削时工件下方是悬空的，若装夹时底面基准与工作台面不平行或在铣削中由于受力有微量的向下转动，都会使垂直度误差增大，铣削长条状矩形工件端面时的铣削位置和方向如图 2-47 所示。

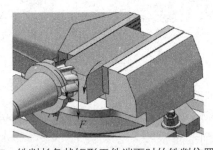

图 2-47　铣削长条状矩形工件端面时的铣削位置和方向

　　2）在万能卧式铣床上铣削端面时，若由于工作台回转盘的零位未对准，使铣床的主轴与工作台纵向进给方向不垂直，会使铣出的平面出现中间凹陷，引起平面度误差，如图 2-48 所示。

　　3）铣削端面时，铣刀旋转方向、进给方向和机用虎钳的安装位置，都会影响切削力的指向。铣削时应使纵向切削分力指向固定钳口，垂向切削分力向下。如图 2-49a 所示，垂向切削分力向下是正确的，而纵向切削分力指向活动钳口不合理；如图 2-49b 所示，纵向切削分力指向固定钳口是正确的，而垂向切削分力向上不合理。

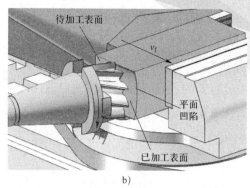

图 2-48　铣削长条状矩形工件因工作台与纵向进给方向不平行导致平面凹陷

a）工作台与纵向进给方向不平行　b）平面凹陷

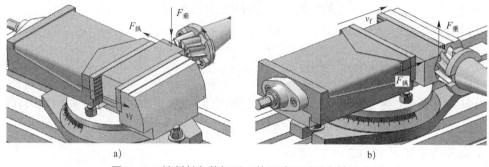

图 2-49　铣削长条状矩形工件两端面时受力情况分析

四、长条状矩形工件的质量检测和质量分析

1. 质量检测

（1）用千分尺或游标卡尺测量平行面之间的尺寸分别应在 199.71～200.00 mm、69.81～70.00 mm、59.905～60.095 mm 范围内。但由于平行度公差为 0.05 mm，因此千分尺测得的每一对平行面之间多点测量数据最大偏差应在 0.05 mm 内。

（2）用刀口尺测量各个表面的平面度时，各个方向的直线度均应在 0.05 mm 内。

（3）用刀口形直角尺测量相邻面垂直度时，应以 0.05 mm 的塞尺不能塞入缝隙为合格；用直角尺测量端面垂直度时，应将工件侧面和底面基准与标准平板贴合，然后将尺座与平板贴合，用尺身测量端面，用塞尺判断垂直度误差，如图 2-50 所示。

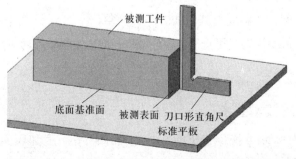

图 2-50　长条状矩形工件两端面与基准面垂直度检验

（4）通过目测比对法进行表面粗糙度的检验。本任务中各平面表面粗糙度值应在 $Ra3.2\ \mu m$ 以内。

2. 质量分析

（1）平面度超差的主要原因是圆柱铣刀圆柱度不好和铣床主轴与工作台纵向进给方向不垂直（用面铣刀铣削端面时）。

（2）影响垂直度和平行度的因素与技能训练一在立式铣床上铣削扁平状矩形工件类似。

课题二　斜面的铣削

一、斜面的表示方法

斜面是指零件上与基准面成任意一个倾斜角度的平面。斜面相对基准面倾斜的程度用斜度来衡量，在图样上有以下两种表示方法。

1. 用倾斜角度 β 的度数（°）表示

主要用于倾斜程度大的斜面。如图 2-51a 所示，斜面与基准面之间的夹角为 30°。

2. 用斜度 S 的比值表示

主要用于倾斜程度小的斜面。如图 2-51b 所示，在 50 mm 长度上，斜面两端至基准面的距离相差 1 mm，用"∠1∶50"表示。斜度的符号∠或⊿的下横线与基准面平行，上斜线的倾斜方向应与斜面的倾斜方向一致，不能画反。

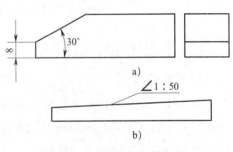

a)

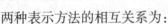

b)

图 2-51　斜度的表示方法

两种表示方法的相互关系为：

$$S=\tan\beta$$

式中　S——斜度，用符号∠或⊿和比值表示；

　　　β——倾斜角度，即斜面与基准面之间的夹角，（°）。

一般用途棱体的角度与斜度可查阅 GB/T 4096—2001《产品几何量技术规范（GPS）棱体的角度与斜度系列》。

二、斜面铣削的技术要求

斜面铣削的技术要求包括位置尺寸、夹角要求、平面度和表面粗糙度，如图 2-52 所示。

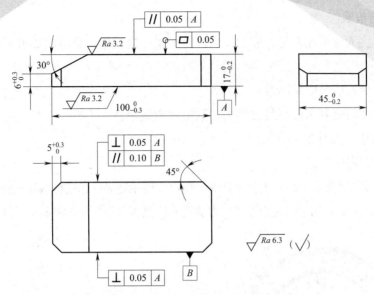

图 2-52　零件上斜面的技术要求标注示例

三、斜面的精度检测

1. 平面度的检测

平面度采用刀口尺检测，如图 2-53 所示。

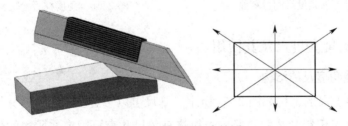

图 2-53　斜面平面度检测

2. 位置尺寸精度的检测

由于斜面与相邻面之间成一定角度，测量位置尺寸时其与量具接触处为一条棱边，通常尺寸精度要求不高，所以斜面的位置尺寸常采用游标卡尺测量即可，如图 2-54 所示。

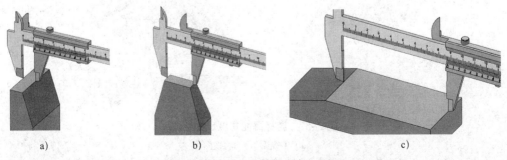

a)　　　　　　　　b)　　　　　　　　c)

图 2-54　斜面位置尺寸精度检测

3. 角度的检测

斜面的角度通常采用游标万能角度尺进行测量，批量生产且精度要求不高时也会采用角度样板。

（1）用游标万能角度尺测量

斜面的角度精度要求较高且需要确切数值时或是单件、小批生产时，通常采用游标万能角度尺来测量，如图 2-55 所示。

（2）用角度样板测量

当斜面角度精度要求不高且大批生产时，也可以使用定做的角度样板通过透光法来进行检验，如图 2-56 所示。该方法可配合塞尺判断斜面角度是否合格，一般不测量具体角度值。

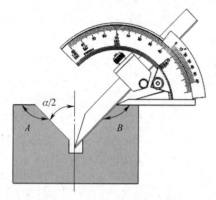

图 2-55　游标万能角度尺测量斜面角度

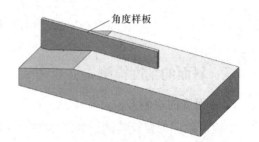

图 2-56　角度样板检验斜面角度

四、游标万能角度尺及其使用

1. 游标万能角度尺的结构

游标万能角度尺的结构如图 2-57 所示。基尺可以带着主尺沿着游标尺转动，当转到所需角度时，可以用锁紧装置锁紧。卡块将直角尺和直尺固定在所需的位置上。在测量

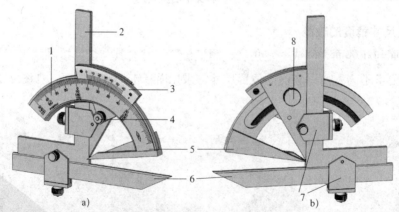

图 2-57　游标万能角度尺的结构

a）主视图　b）后视图

1—主尺　2—直角尺　3—游标尺　4—锁紧装置　5—基尺　6—直尺　7—卡块　8—调节旋钮

时，转动背面的调节旋钮，通过小齿轮转动扇形齿轮，使基尺改变角度。

游标万能角度尺（I型）的测量精度有 2′ 和 5′ 两种，其测量范围为 0°～320°。

2. 游标万能角度尺的读数原理和使用方法

图 2-58a 所示是分度值为 2′ 的 I 型游标万能角度尺的刻线图。主尺刻线每格为 1°，游标尺刻线共 30 格为 29°，即每格为 $\frac{29°}{30}$，与主尺 1 格相差 $1°-\frac{29°}{30}=\frac{1°}{30}=2′$，即游标万能角度尺的分度值为 2′。游标万能角度尺的读数方法和游标卡尺相似，即先从主尺上读出游标尺零刻度线指示的整度数，再判断游标尺上的第几格的刻线与主尺上的刻线对齐，从而确定角度"分"的数值，然后把两者相加，就是被测角度的数值。在图 2-58b 中，游标尺上的零刻度线落在主尺上 69° 到 70° 之间，因而该被测角度的"度"的数值为 69°；游标尺上第 21 格的刻线与主尺上的某一刻度线对齐，因而被测角度的"分"的数值为 2′×21=42′。所以被测角度为 69°42′。利用同样的方法，可以得出图 2-58c 所示读数为 10°50′。

 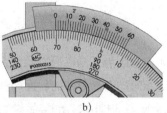 

a)　　　　　　　b)　　　　　　　c)

图 2-58　游标万能角度尺读数方法

游标万能角度尺的测量方法及测量范围见表 2-1。

表 2-1　　　　游标万能角度尺的测量方法及测量范围

测量示例			
测量方法及测量范围 由0°到50° 由50°	到140°	由140° 到230°	由230° 到320°

续表

读数位置	读主尺第一排	读主尺第二排	读主尺第三排	读主尺第四排
游标万能角度尺的调整	将工件放在基尺和直尺的测量面之间测量	卸下直角尺，用直尺代替（基尺须通过工件中心）	卸下直尺，装上直角尺（基尺须通过工件中心）	将角尺和直角尺都卸下，由基尺和扇形板（主尺）的测量面形成角度

3. 游标万能角度尺的使用注意事项

游标万能角度尺的维护保养方法与游标卡尺的维护保养方法基本相同。但要注意的是，使用完毕必须将直尺、直角尺、卡块等组件、附件存放在专用盒内的固定位置，防止遗失。

五、斜面的铣削方法

铣削斜面，必须使工件的待加工表面与其基准面以及铣刀之间满足两个条件：一是工件的斜面平行于铣削时工作台的进给方向；二是工件的斜面与铣刀的切削位置相吻合，即采用周铣时斜面与铣刀旋转表面相切，采用端铣时斜面与铣床主轴轴线垂直，如图2-59所示。

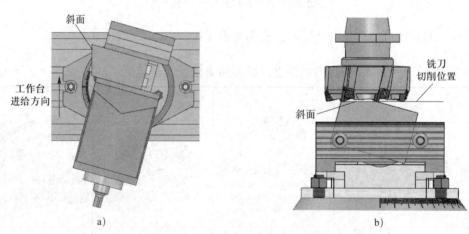

图2-59 铣削斜面时工件的位置

a）斜面与工作台进给方向平行 b）斜面与铣刀的切削位置相吻合

常用的铣削斜面的方法有倾斜工件铣削斜面、倾斜铣刀铣削斜面和用角度铣刀铣削斜面等。

1. 倾斜工件铣削斜面

将工件倾斜成所需要的角度进行装夹并铣削斜面，适合于在主轴不能扳转角度的铣床上铣削斜面。常用的方法见表2-2。

表 2-2　　　　　　　　　　　倾斜工件铣削斜面的方法

方法	步骤及说明	图示
按划线装夹工件铣削斜面	先在工件上划出斜面的加工线，然后在机用虎钳上装夹工件，用划线盘校正工件上的加工线与工作台面平行，再将工件夹紧后即可进行斜面的铣削 　　此法操作简单，仅适用于加工精度要求不高的单件、小型工件的生产	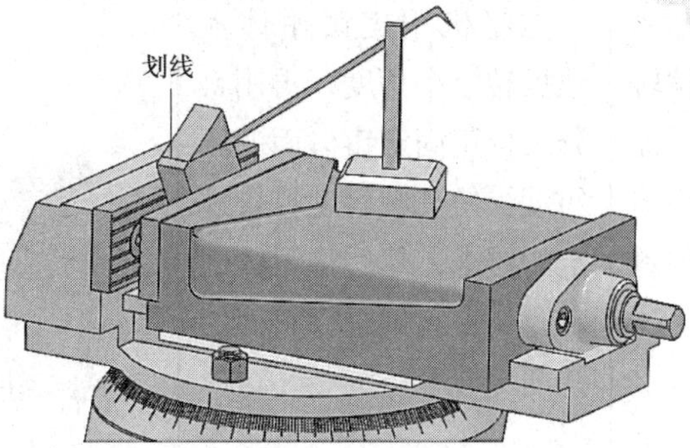 划线
采用倾斜垫铁铣削斜面	倾斜垫铁的宽度应小于工件宽度，垫铁斜面的斜度应与工件相同。将倾斜垫铁垫在机用虎钳的钳体导轨面上，再装夹工件 　　采用此方法可以一次完成对工件的校正和夹紧。在铣削一批工件时，铣刀的高度位置不需要因工件的更换而重新调整，故可以大大提高工件生产的效率	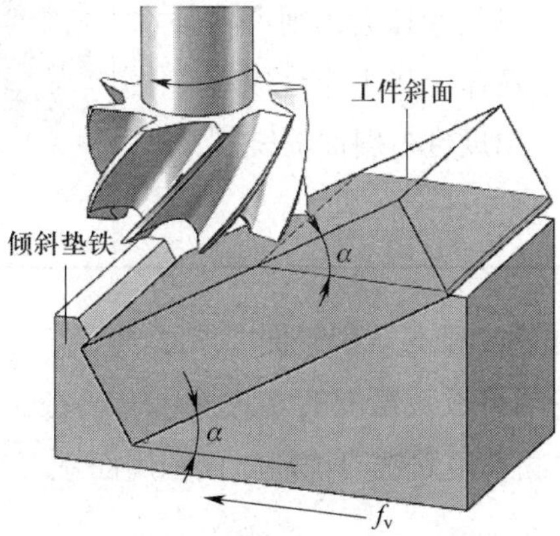 工件斜面　倾斜垫铁　α　α　f_v
利用靠铁铣削斜面	外形尺寸较大的工件，在工作台上用压板进行装夹，应先在工作台面上安装一块倾斜的靠铁，用百分表校正其倾斜度，使其倾斜度符合规定要求，然后将工件的基准面靠向靠铁的定位表面，再用压板将工件压紧后进行铣削	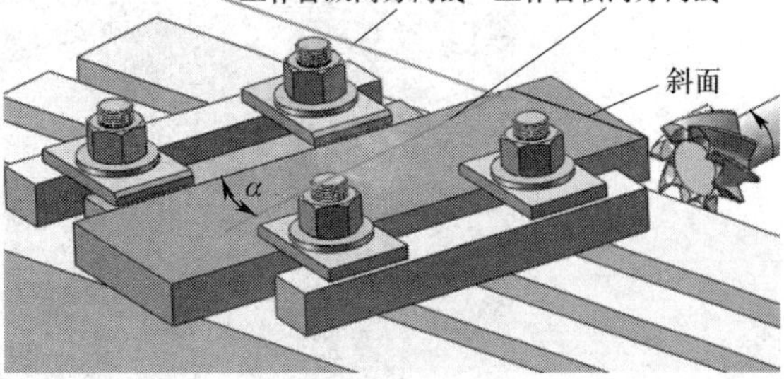 工作台纵向方向线　工作台横向方向线　斜面　α

续表

方法	步骤及说明	图示
偏转机用虎钳钳体铣削斜面	先将机用虎钳钳体大致扳转一个角度，再用百分表校正固定钳口面的倾斜度，使其倾斜度符合规定的要求，然后将钳体固定，装夹工件进行斜面的铣削	
偏转工作台铣削斜面	若工件的斜度较小，外形尺寸较大，则可在卧式铣床上将工作台扳转一个角度进行斜面的铣削	

2. 倾斜立铣头铣削斜面

在主轴可扳转角度的立式铣床上，将立铣头倾斜一个角度，就可以按要求铣削斜面，常用的方法有用立铣刀铣削斜面和用面铣刀铣削斜面，如图 2-60 所示。

图 2-60　倾斜立铣头加工斜面

铣削斜面常用的方法见表 2-3。

表 2-3 铣削斜面常用的方法

方法	具体操作图示	工件装夹图示	适用场合
用立铣刀周铣斜面	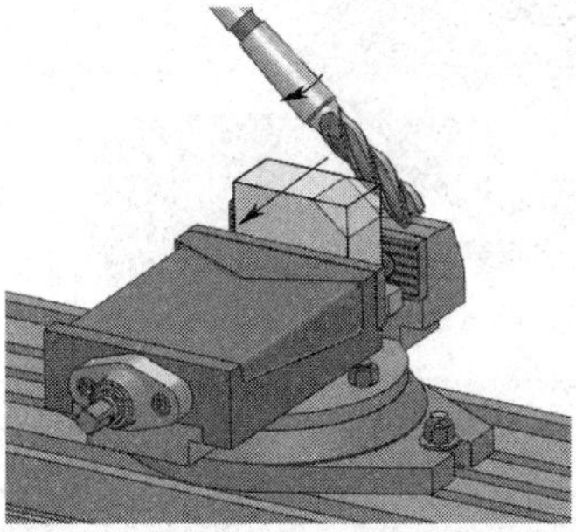	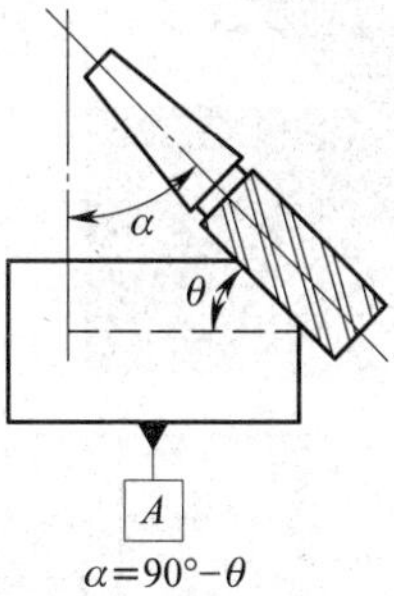 $\alpha=90°-\theta$	工件基准面与工作台面平行时用立铣刀铣削斜面
	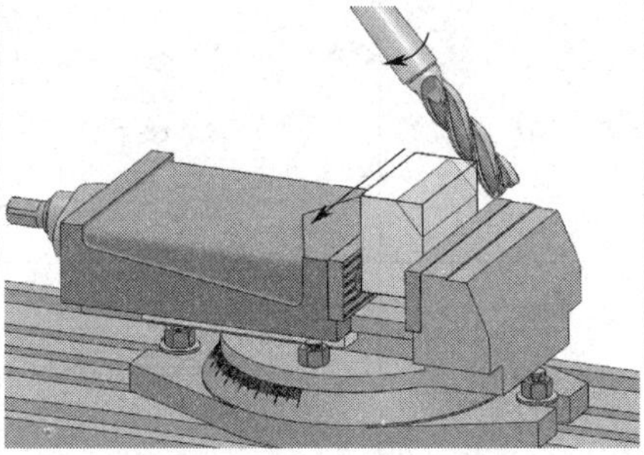	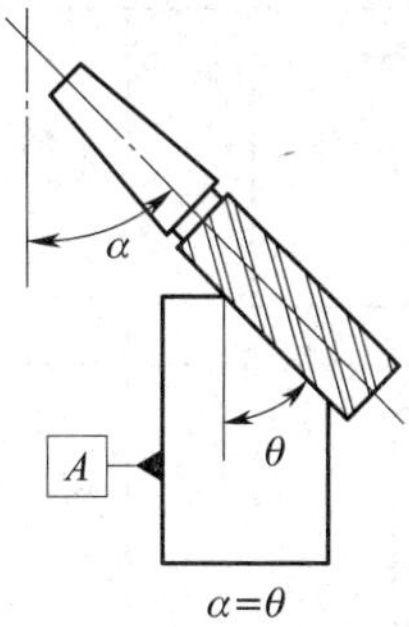 $\alpha=\theta$	工件基准面与工作台面垂直时用立铣刀铣削斜面
用面铣刀端铣斜面		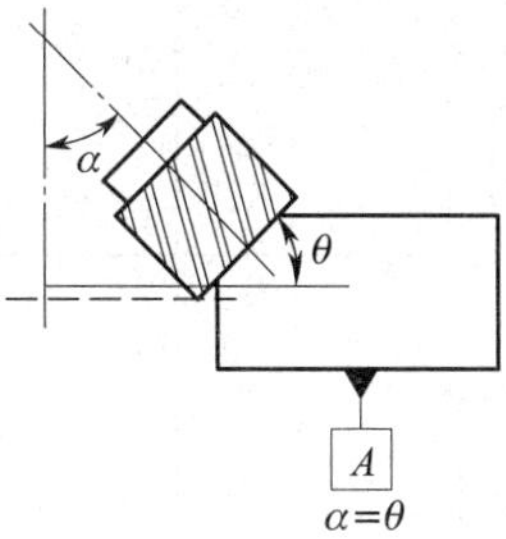 $\alpha=\theta$	工件基准面与工作台面平行时用面铣刀铣削斜面
	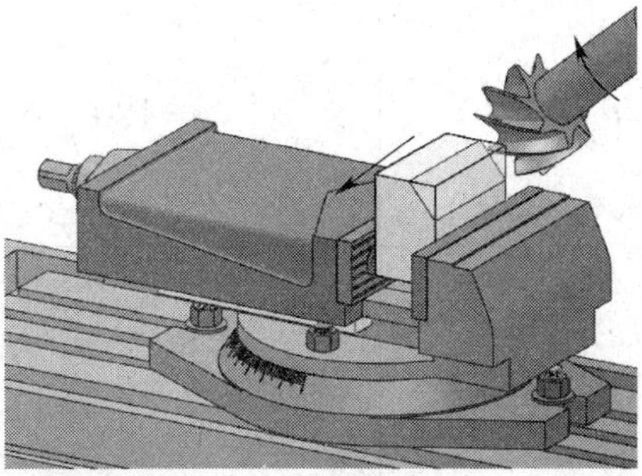	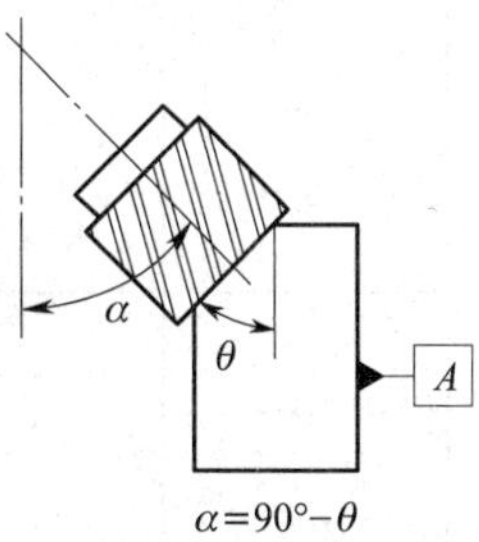 $\alpha=90°-\theta$	工件基准面与工作台面垂直时用面铣刀铣削斜面

斜面铣削时立铣头倾斜角度计算见表2-4。

表 2-4 　　　　　　　　斜面铣削时立铣头倾斜角度计算

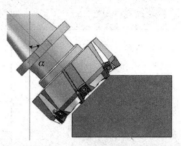

工件角度标注形式	立铣头倾斜角度	
	用立铣刀周边铣削	用面铣刀端面铣削
θ	$\alpha = 90° - \theta$	$\alpha = \theta$
θ	$\alpha = 90° - \theta$	$\alpha = \theta$
θ	$\alpha = \theta$	$\alpha = 90° - \theta$
θ	$\alpha = \theta$	$\alpha = 90° - \theta$
θ	$\alpha = \theta - 90°$	$\alpha = 180° - \theta$
θ	$\alpha = 180° - \theta$	$\alpha = \theta - 90°$

3. 用角度铣刀铣削斜面

角度铣刀就是切削刃与其轴线倾斜成一定角度的铣刀。角度铣刀的刀尖有 0.2～0.5 mm 的圆弧（具有后角），它可以增强刀尖强度。角度铣刀见表 1-10。

斜面工件可以用角度铣刀进行铣削，如图 2-61a 所示。根据工件斜面的角度选择相应角度的角度铣刀，并注意角度铣刀切削刃的长度应大于工件斜面的宽度。

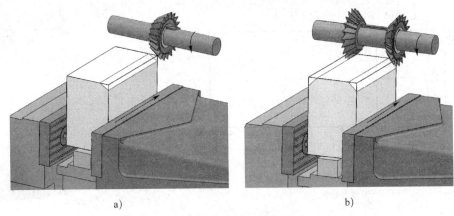

a)   b)

图 2-61　角度铣刀铣削斜面

批量生产的窄长的斜面工件比较适合使用角度铣刀进行铣削。铣削双斜面时，选用一对规格相同、刀齿刃口相反的角度铣刀，如图 2-61b 所示。将两把铣刀的刀齿错开半齿，可以有效地减小铣削力和振动。由于角度铣刀的刀齿强度较弱，刀齿排列较密，铣削时排屑较困难，因此使用角度铣刀铣削采用的铣削用量应比周铣低 20% 左右。铣削非合金钢工件时，应加充足的切削液。

在立式铣床上铣削压板

一、训练任务

利用立式铣床铣削如图 2-62 所示压板上的各斜面。毛坯材料为 45 钢，毛坯尺寸为 125 mm × 50 mm × 22 mm。

二、制定加工工艺与工艺准备

1. 制定加工工艺

根据图样的精度要求，本任务在立式铣床上用可转位面铣刀和锥柄立铣刀加工，其加工工艺过程为：检验预制件→安装机用虎钳→划线、冲眼→装夹、找正工件→安装面铣刀→铣削斜面 1 →倾斜立铣头、换装立铣刀→装夹、找正工件→铣削斜面

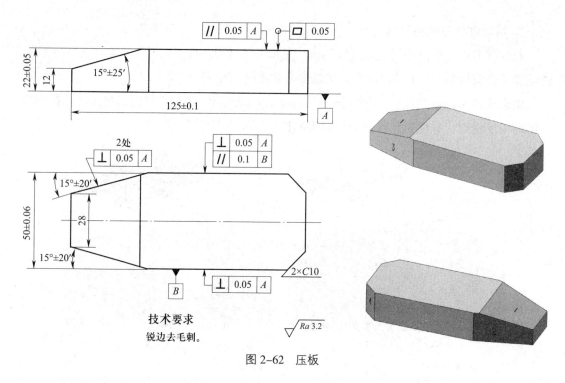

图 2-62　压板

2、3→调整立铣头角度→装夹、找正工件→铣削斜面 4、5→检验斜面。斜面铣削顺序如图 2-63 所示。

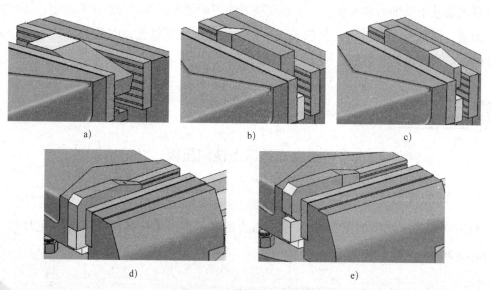

图 2-63　斜面铣削顺序

a）铣削斜面 1　b）铣削斜面 2　c）铣削斜面 3　d）铣削斜面 4　e）铣削斜面 5

2. 工艺准备

（1）选择机床

选用 X5032 型立式铣床或者类似的立式铣床。

（2）选择工件的装夹方式

根据工件尺寸，选择铣床用机用虎钳型号规格，现选用 Q12125 型机用虎钳，钳口宽度为 125 mm，钳口最大张开度为 100 mm，钳口高度为 44 mm。

（3）选择刀具

根据图样给定的工件尺寸及斜面加工位置，铣削斜面 1 时选择可转位面铣刀，现选用外径为 125 mm 的可转位面铣刀。根据工件材料，选用 P 类硬质合金、SPAN 型（方形）刀片。铣削斜面 2、3 及 4、5 时，选择外径为 32 mm、4 齿的高速钢锥柄立铣刀。

（4）选择检测方法

1）平面度采用刀口尺进行检测。

2）斜面位置尺寸采用游标卡尺测量即可。

3）斜面角度采用游标万能角度尺测量。

4）表面粗糙度采用目测比对法检验。

三、斜面工件的铣削加工

1. 加工准备

（1）检验预制件

1）该预制件为六面已加工好的矩形块，因此需要对照图样进行尺寸精度及垂直度、平行度等位置精度的检查，如图 2-64 所示。

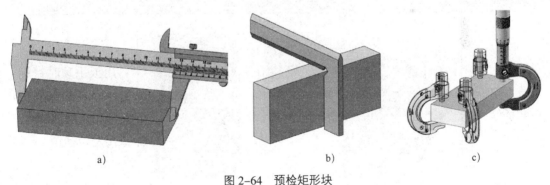

图 2-64　预检矩形块

a）尺寸精度检查　b）垂直度检查　c）平行度检查

2）综合考虑平面的表面粗糙度、平面度以及相邻面的垂直度，在两个 125 mm × 50 mm 大平面中选择一个作为铣削斜面时的基准面。

（2）安装机用虎钳

将机用虎钳安装在工作台中间 T 形槽内，用 T 形螺栓固定在台面上。

（3）装夹工件

铣削斜面 1 时，采用倾斜工件的方式加工，按划线找正工件位置并使工件上划线位置高于钳口 3 ~ 5 mm，采用工件两侧面作为定位基准，如图 2-65a 所示；铣削斜面 2、

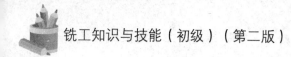

3时，采用倾斜主轴立铣头端铣加工，装夹时工件以侧面和底面为定位基准并使工件高于钳口面 16 mm 以上，如图 2-65b 所示；铣削斜面 4、5 时，采用倾斜主轴立铣头周铣的方式加工，装夹时工件以侧面和底面为定位基准并使工件高于钳口面 12 mm 以上，端面伸出 10 mm 以上，如图 2-65c 所示。

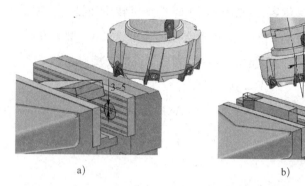
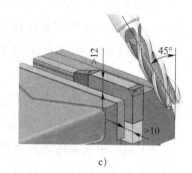

图 2-65　铣削斜面工件装夹

（4）调整立铣头倾斜角和安装铣刀

1）铣削斜面 2、3 时，立铣头转过的角度等于斜面的夹角，即 $\alpha = 15°$，立铣头倾斜角度调整操作步骤见表 2-5。

表 2-5　　　　　　　　　　立铣头倾斜角度调整操作步骤

操作步骤	操作示意图	操作说明
拔出定位插销		用扳手顺时针旋转立铣头右侧的定位插销顶端的螺母，拔出定位插销
旋松紧固螺栓		松开立铣头回转盘背面的四个紧固螺栓

续表

操作步骤	操作示意图	操作说明
转动立铣头		根据转角要求，转动立铣头回转盘左侧的齿轮轴，按回转盘刻度逆时针转过 15°
旋紧紧固螺栓		紧固回转盘四个螺栓，具体操作方法是按对角顺序逐步紧固
复核倾斜角度		紧固后应观察零线与刻度的位置并复核立铣头的倾斜角度

调整立铣头位置后，安装可转位面铣刀，具体方法与铣平面时相同。

2）铣削斜面 4、5 时，立铣头转过的角度等于斜面的夹角，即 $\alpha = 45°$。安装锥柄立铣刀的操作步骤见表 2-6。

（5）选择切削用量

按工件材料和铣刀的规格选择、计算和调整切削用量。

1）硬质合金面铣刀铣削斜面时：选取铣削速度 $v_c = 80$ mm/min，每齿进给量 $f_z = 0.2$ mm/z，则铣床主轴转速为：

$$n_1 = \frac{1\ 000 v_c}{\pi D} \approx \frac{1\ 000 \times 80}{3.14 \times 125}\ \text{r/min} \approx 203.8\ \text{r/min}$$

表 2-6   安装锥柄立铣刀的操作步骤

操作步骤	操作示意图	操作说明
1	拉紧螺杆 铣刀杆 锥柄立铣刀	选择外锥面与铣床主轴锥孔配合、内锥面与立铣刀配合的铣刀杆，并擦净主轴锥孔、铣刀锥柄和铣刀杆内、外锥面。选择与铣刀柄部内螺纹规格一致的拉紧螺杆
2		将立铣刀锥柄装入铣刀杆锥孔中
3		将铣刀杆连同铣刀一起装入主轴锥孔中，并使铣刀杆上的端面键槽对准主轴端部的凸键
4		用拉紧螺杆将铣刀连同铣刀杆紧固在主轴上

根据计算转速，结合铣床主轴变速手柄，实际选择主轴转速为 235 r/min。

进给速度为：

$$v_{f1}=f_z zn=0.2 \times 3 \times 235 \text{ mm/min}=141 \text{ mm/min}$$

根据计算进给速度，结合铣床进给变速手轮，实际选择进给速度为 150 mm/min。

2）高速钢立铣刀铣削斜面时：铣削速度 v_c=20 mm/min，每齿进给量 f_z=0.15 mm/z，则铣床主轴转速为：

$$n_2=\frac{1\,000v_c}{\pi D} \approx \frac{1\,000 \times 20}{3.14 \times 32} \text{ r/min} \approx 199.04 \text{ r/min}$$

根据计算转速，结合铣床主轴变速手柄，实际选择主轴转速为 190 r/min。

进给速度为：

$$v_{f2}=f_z zn=0.15 \times 4 \times 190 \text{ mm/min}=114 \text{ mm/min}$$

根据计算进给速度，结合铣床进给变速手轮，实际选择进给速度为 95 mm/min。

3）斜面铣削的铣削深度（铣削宽度）。粗铣时一般为 2.5 mm，精铣时约为 0.5 mm。斜面 1 的铣削宽度为 50 mm，斜面 2、3、4、5 的铣削宽度均为 22 mm。

2. 铣削加工

（1）铣削斜面 1

1）对刀时，调整工作台，目测使铣刀轴线处于工件斜面的中间位置，锁紧工作台纵向进给，垂向对刀使铣刀端面刃恰好擦到工件尖角最高位置，如图 2-66a 所示。

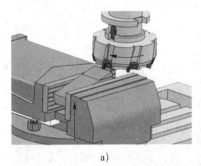
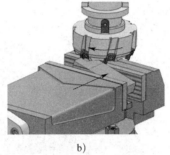
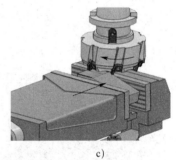

a)　　　　　　　　　　b)　　　　　　　　　　c)

图 2-66　铣削斜面 1

2）按斜面 1 的铣削余量分两次调整铣削层深度，铣削余量为（22-12）mm × cos15° ≈ 9.66 mm，第一次 4.5 mm，第二次 4 mm，横向机动进给粗铣斜面 1，如图 2-66b 所示。

3）预检夹角合格后，根据测量实际余量，工作台垂向上升 1 mm 左右，精铣斜面 1，使斜面与侧面的划线位置重合，如图 2-66c 所示。

（2）铣削斜面 2、3

1）对刀时，调整工作台，目测使铣刀轴线处于工件斜面的中间位置，锁紧工作台纵向进给，垂向对刀使铣刀端面刃恰好擦到工件尖角最高位置，如图 2-67a 所示。

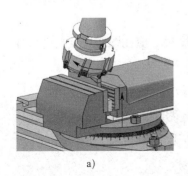
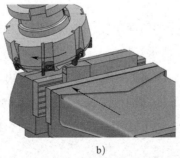
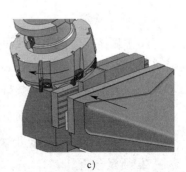

a)　　　　　　　　　　b)　　　　　　　　　　c)

图 2-67　铣削斜面 2、3

2）按斜面 2 的铣削余量 $\left(\dfrac{50-28}{2}\ mm = 11\ mm\right)$ 分两次调整铣削层深度，每次 5 mm，然后横向机动进给粗铣斜面 2，如图 2-67b 所示。

3）用游标卡尺测量，确定最终精铣余量，垂向上升 1 mm 左右，精铣斜面 2，并保证尺寸要求，如图 2-67c 所示。

4）翻转工件，重新装夹并找正工件，立铣头倾斜角度不变，用同样的步骤铣削斜面 3，并保证两斜面距离 28 mm。

（3）铣削斜面 4、5

1）调整工作台，使立铣刀的圆周刃能一次铣出整个斜面。

2）纵向对刀，使立铣刀圆周刃刚好擦到工件交线，如图 2-68a 所示。

3）铣削 C10 倒角，由于斜面不大，一次粗铣完成余量切除，垂向进给 9 mm，横向机动进给粗铣斜面 4，如图 2-68b 所示。

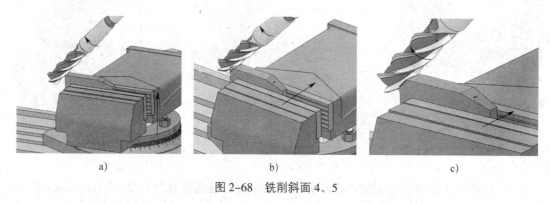

a)　　　　　　　　　　　b)　　　　　　　　　　　c)

图 2-68　铣削斜面 4、5

4）用游标卡尺测量，确定最终精铣余量，垂向上升 1 mm 左右，精铣斜面 4，并保证尺寸要求，如图 2-68c 所示。

5）翻转工件，重新装夹并找正工件，立铣头倾斜角度不变，用同样的步骤铣削斜面 5，并保证倒角尺寸 C10。

四、斜面工件的质量检测和质量分析

1. 质量检测

（1）用游标万能角度尺测量各斜面角度，各斜面测量角度尺寸应在图样规定角度尺寸公差范围之内。操作如图 2-69 所示。

（2）斜面位置尺寸的测量，本任务只需用游标卡尺即可。

（3）用直角尺测量斜面与底面的垂直度时，应以 0.05 mm 塞尺不能塞入缝隙为合格。

（4）通过目测比对法进行表面粗糙度值的检验。表面粗糙度值应不大于 Ra3.2 μm。

2. 质量分析

（1）平面度超差的主要原因是立铣刀圆柱度误差大或立铣头与工作台面不垂直。

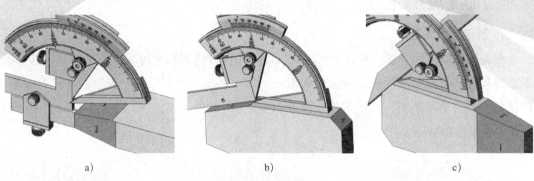

a)　　　　　　　　b)　　　　　　　　c)

图 2-69　各斜面的检测

（2）斜面倾斜角度误差大的可能原因包括：立铣头角度调整有误差、立铣刀圆周刃有锥度、工件装夹时角度校正不准确、工件在铣削过程中产生微量位移等。

（3）表面粗糙度值过大的可能原因包括：铣削位置调整不当、采用了不对称顺铣、铣床进给有爬行、工件装夹不够稳固引起振动、铣削余量分配不合理、铣削用量选择不当等。

在卧式铣床上铣削斜楔

一、训练任务

利用卧式铣床铣削如图 2-70 所示斜楔中的各斜面。毛坯材料为 HT200，毛坯尺寸为 70 mm × 45 mm × 30 mm。

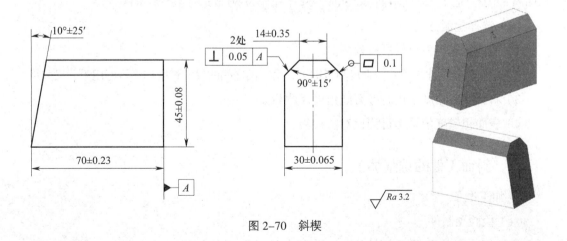

图 2-70　斜楔

二、制定加工工艺与工艺准备

1. 制定加工工艺

根据图样的精度要求，本任务在卧式铣床上用圆柱铣刀和角度铣刀铣削斜面，其加工工艺过程为：检验预制件→安装机用虎钳→划线→装夹、找正工件→安装圆柱铣刀→粗、精铣斜面 1→重新装夹、找正工件→换装角度铣刀→粗、精铣斜面 2、3→检验斜面。斜面铣削主要步骤如图 2-71 所示。

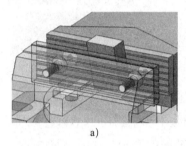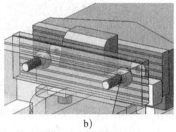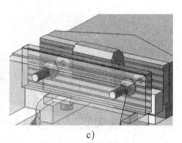

a)　　　　　　　　　　　　　b)　　　　　　　　　　　　　c)

图 2-71　斜面铣削主要步骤

2. 工艺准备

（1）选择机床

本任务选用 X6132 型卧式铣床。

（2）选择工件的装夹方式

根据工件尺寸，选择铣床用机用虎钳型号规格，现选用 Q12125 型机用虎钳，钳口宽度为 125 mm，钳口最大张开度为 100 mm，钳口高度为 44 mm。

（3）选择刀具

根据图样给定的工件尺寸及斜面加工位置，铣削斜面 1 时选择外径为 63 mm、长度为 80 mm 的圆柱铣刀。铣削斜面 2、3 时，选择外径为 60 mm 的 45° 单角铣刀。

（4）选择检测方法

1）平面度采用刀口尺进行检测。

2）斜面位置尺寸采用游标卡尺测量即可，平行面之间的尺寸精度和平行度用千分尺测量。

3）斜面倾斜角度采用游标万能角度尺测量。

4）表面粗糙度值采用目测比对法检验。

三、斜面工件的铣削加工

1. 加工准备

（1）检验预制件

用游标卡尺检验预制件的尺寸，本任务测得预制件的基本尺寸为 70 mm × 45 mm × 30 mm，两侧面平行度误差为 0.06 mm。

（2）安装机用虎钳

将机用虎钳安装在工作台中间 T 形槽内，用 T 形螺栓固定在台面上。

（3）在工件侧面划线

划线方法如图 2-72 所示。

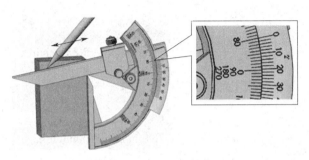

图 2-72　在工件侧面划线

（4）装夹工件

铣削斜面 1 时，采用倾斜工件周铣法加工，按划线找正工件位置并使工件上的划线位置高于钳口 5～10 mm，采用工件两侧面作为定位基准，如图 2-73a 所示；铣削斜面 2、3 时，采用角度铣刀加工，装夹时工件以侧面和底面为定位基准并使工件高于钳口面 15 mm 以上，以保证斜面铣削参照线在钳口之外，如图 2-73b 所示。

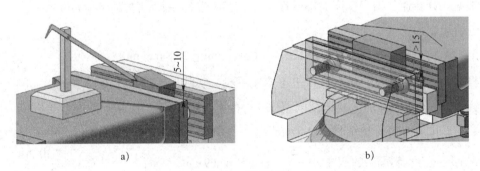

a)　　　　　　　　　　　　　　　　　　b)

图 2-73　装夹工件

（5）安装铣刀

1）铣削斜面 1 时，安装圆柱铣刀，如图 2-74a 所示。

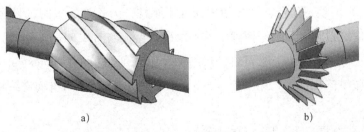

a)　　　　　　　　　　　　　　　　　　b)

图 2-74　安装铣刀

a）安装圆柱铣刀　b）安装单角铣刀

2）铣削斜面 2、3 时，安装单角铣刀，如图 2-74b 所示，安装时应注意铣刀的切削刃方向。

（6）选择切削用量

按工件材料和铣刀的规格选择、计算和调整切削用量。

1）圆柱铣刀铣削斜面 1 时：铣削速度 $v_c \approx 15$ mm/min，每齿进给量 $f_z=0.12$ mm/z，则铣床主轴转速为：

$$n_1 = \frac{1\,000v_c}{\pi D} \approx \frac{1\,000 \times 15}{3.14 \times 63} \text{ r/min} \approx 75.83 \text{ r/min}$$

根据计算转速，结合铣床主轴变速手柄，实际选择主轴转速为 75 r/min。

进给速度为：

$$v_{f1}=f_z zn=0.12 \times 8 \times 75 \text{ mm/min}=72 \text{ mm/min}$$

根据计算进给速度，结合铣床进给变速手轮，实际选择进给速度为 60 mm/min（进给速度可适当比计算值低些）。

2）角度铣刀铣削斜面 2、3 时：铣削速度 $v_c \approx 11$ mm/min，每齿进给量 $f_z=0.12$ mm/z，则铣床主轴转速为：

$$n_2 = \frac{1\,000v_c}{\pi D} \approx \frac{1\,000 \times 11}{3.14 \times 60} \text{ r/min} \approx 58.4 \text{ r/min}$$

根据计算转速，结合铣床主轴变速手柄，实际选择主轴转速为 60 r/min。

进给速度为：

$$v_{f2}=f_z zn=0.12 \times 4 \times 60 \text{ mm/min}=28.8 \text{ mm/min}$$

根据计算进给速度，结合铣床进给变速手轮，实际选择进给速度为 30 mm/min。

3）斜面铣削的铣削深度（铣削宽度）：粗铣、半精铣一般为 2.5 mm，角度铣刀因刀齿强度差，可再小些。精铣时取 0.5 mm。

铣削层宽度：斜面 1 的宽度为 $\frac{45}{\cos 10°}$ mm ≈ 45.69 mm，斜面 2、3 的宽度为 $\frac{30-14}{2\cos 45°}$ mm $\approx$ 11.31 mm。

2. 铣削加工

（1）铣削斜面 1

1）对刀时，调整工作台，目测使斜面处于圆柱铣刀长度的中间，紧固工作台横向进给，垂向对刀使铣刀圆周刃刚好擦到工件尖角最高点，如图 2-75a 所示。

2）保持对刀位置不动，退刀后，按斜面 1 的铣削余量（45 mm × sin10° ≈ 7.81 mm）分两次垂向调整铣削层深度，第一次 4 mm，第二次 3 mm，纵向机动进给粗铣斜面 1，如图 2-75b 所示。

3）预检夹角合格后，如图 2-75c 所示，根据测量实际余量值，垂向上升 1 mm 左右，精铣斜面 1，使斜面与侧面的划线位置重合。

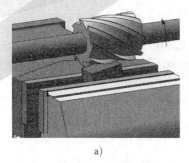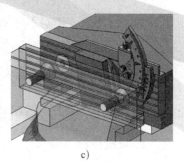

a)   b)   c)

图 2-75　铣削斜面 1 步骤

（2）铣削斜面 2、3

1）换装单角铣刀，调整工作台，使角度铣刀的锥面切削刃能一次铣出整个斜面，横向对刀，使铣刀锥面切削刃恰好擦到工件尖角最高位置，如图 2-76a 所示。

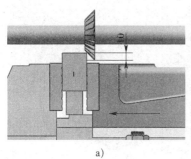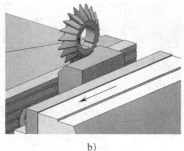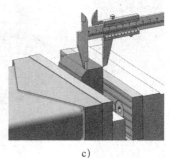

a)   b)   c)

图 2-76　铣削斜面 2 步骤

2）按斜面铣除 8 mm 的余量，分两次调整铣削层深度，第一次 4 mm，第二次 3.5 mm，纵向进给粗铣斜面 2，铣削时注意紧固工作台横向进给，如图 2-76b 所示。

3）预检工件，如图 2-76c 所示，测得实际余量并根据交线的位置，横向移动 0.5 mm 左右，精铣斜面 2，使斜面与顶面交线距同侧侧面 8 mm。

4）将工件水平回转 180° 重新装夹并找正，此时斜面 3 处于铣削位置，铣削斜面 3 可以重复斜面 2 的步骤，即重新对刀、粗铣、精铣。也可以不重新对刀，参照横向的刻度，先退刀，然后进行两次粗铣，最后根据图样标注的尺寸，即（14±0.35）mm，微量调整横向位置，铣削斜面 3，达到图样的尺寸精度要求，如图 2-77 所示。

（3）用角度铣刀铣削斜面时的注意事项

1）角度铣刀刀齿部位强度差、容屑槽浅，所以在铣削时应注意采用较小的铣削用量。

2）单角铣刀在工作时有左切和右切之分，因此在安装和使用时应注意铣刀的旋转方向和

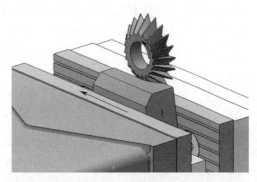

图 2-77　铣削斜面 3

111▶

工件的进给方向，绝对不可使用顺铣。

3）使用换面装夹的方法铣削两侧对称的斜面时，应注意预检两侧面的平行度误差，本任务中两侧面的平行度误差在 0.06 mm 内，因此加工顶面两侧的 45° 斜面是可以的。

四、斜面工件的质量检测和质量分析

1. 质量检测

（1）用游标万能角度尺测量各斜面倾斜角度，各斜面测量角度尺寸应在图样规定角度尺寸公差范围之内，各斜面检测操作见表 2-7。

表 2-7　　　　　　　　　　　各斜面检测操作

检测面	斜面 1	斜面 2	斜面 3
检测位置			

（2）斜面位置尺寸的测量，本任务只需用游标卡尺即可。

（3）用直角尺测量斜面与侧面的垂直度时，应以 0.05 mm 塞尺不能塞入缝隙为合格。

（4）通过目测比对法进行表面粗糙度值的检验。表面粗糙度值应不大于 $Ra3.2$ μm。

2. 质量分析

（1）斜面角度误差大的可能原因包括：圆柱铣刀角度调整有误差、圆柱铣刀圆周刃有锥度、工件装夹时角度校正不准确、工件在铣削过程中产生微量位移等。

（2）表面粗糙度值过大的可能原因包括：铣削位置调整不当、采用了不对称顺铣、铣床进给爬行、工件装夹不够稳固引起振动、铣削余量分配不合理、铣削用量选择不当等。

第三单元
台阶、直角沟槽和键槽的铣削

📖 学习目标

1. 能描述台阶、直角沟槽和键槽的种类及铣削技术要求。
2. 能制定台阶、直角沟槽和键槽的加工工艺。
3. 能选择合适的铣刀进行台阶、直角沟槽的加工。
4. 能对台阶、直角沟槽和键槽进行正确的检测并进行质量分析。

课题一　台阶的铣削

一、台阶的技术要求

1. 台阶结构类型

台阶由平行面和垂直面组合而成。常见的台阶形式如图 3-1 所示。

台阶的主要作用是定位、支承和作为导轨等，带台阶的零件如图 3-2 所示。

在卧式铣床上，台阶通常用三面刃铣刀进行铣削，如图 3-3 所示，在立式铣床上则可

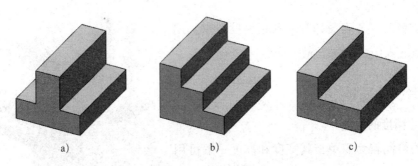

a)　　　　　　　b)　　　　　　　c)

图 3-1　常见的台阶形式

a）对称台阶　b）多台阶　c）单台阶

用套式立铣刀、立铣刀进行铣削，如图 3-4 所示。目前，在台阶铣削中已广泛采用带有三角形或四边形硬质合金可转位刀片的直角面铣刀，如图 3-5 所示。

图 3-2　带台阶的零件

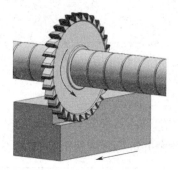

图 3-3　三面刃铣刀铣削台阶

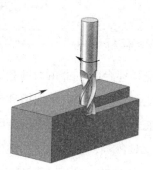

图 3-4　立铣刀铣削台阶

2. 台阶技术要求

（1）尺寸精度

台阶通常与其他零件相互配合，其尺寸精度一般要求比较高，特别是台阶的宽度和高度等。

（2）几何精度

各种形状的台阶经过铣削加工后，应该符合图样的几何精度要求。台阶一般都由平面组成，用于配合的台阶，其几何精度要求比较高，如各表面的平面度、台阶侧面与基准面的平行度、双台阶对中分线的对称度。

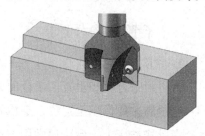

图 3-5　直角面铣刀铣削台阶

（3）表面粗糙度

对组成台阶的各表面都有表面粗糙度要求，用于配合的面的表面粗糙度值应比较小。

二、台阶的质量检测

1. 尺寸精度的检测

台阶的检测较为简单，其宽度和高度一般可用游标卡尺、游标深度卡尺或千分尺、深度千分尺进行检测，如图 3-6 所示。

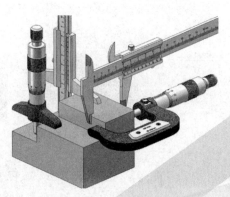

图 3-6　台阶尺寸的检测

当台阶高度较低不便使用卡尺或普通千分尺时，可用公法线千分尺或轴用极限量规进行检测，如图 3-7 所示。

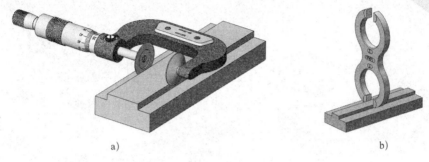

a)　　　　　　　　　　　　　　b)

图 3-7　高度较低的台阶检测

a）公法线千分尺检测　b）轴用极限量规检测

轴用极限量规是光滑极限量规的一种，用于检验基本尺寸小于或等于 500 mm、公差等级为 IT6 ~ IT16 的轴，如图 3-8 所示。它们都是成对使用的，一端为通规，一端为止规。用它们检测工件尺寸是否在规定的极限尺寸范围内，从而判别工件是否合格。

图 3-8　轴用极限量规（卡规）

使用轴用极限量规检测工件时，以其能进入通端而止于止端（即通端通、止端止）为原则确定工件是否是合格的，如图 3-9 所示。

2. 几何精度的检测

台阶的几何精度主要是台阶的侧面和底面相对于对应的基准面之间的垂直度和平行度。

（1）台阶的平行度的检测一般采用游标卡尺或千分尺测量，测量方法与平行面的测量方法相同。

（2）垂直度的检测，一般精度时可以用刀口形直角尺来测量，但有时被测表面与基准面之间不方便直接用刀口形直角尺，则可以选择百分表借助精密平板测量。如图 3-10 所示，先测量一侧，然后测量另一侧。

（3）双台阶对称度的测量一般可以用百分表并且借助精密平板进行。在测量之前，不仅要对工件去毛刺，而且要把精密平板清理干净。在测量的过程中，

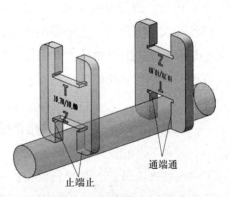

通端通

止端止

图 3-9　轴用极限量规检测方法

首先测量一侧台阶，并且记下该读数，然后将工件转180°测量另一侧台阶，记下百分表的读数，计算两次测量的差值，即为该台阶两侧的对称度误差，如图3-11所示。

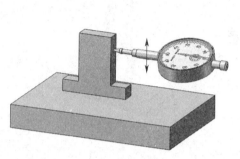

图3-10　用百分表测量垂直度

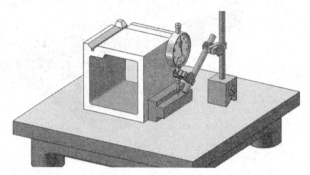

图3-11　用百分表测量对称度

三、用三面刃铣刀铣削台阶

1. 三面刃铣刀

直齿三面刃铣刀的刀齿在圆柱面上与铣刀轴线平行，铣削时振动较大；错齿三面刃铣刀的刀齿在圆柱面上向两个相反的方向倾斜，具有螺旋齿铣刀铣削平稳的优点。大直径的错齿三面刃铣刀多为镶齿式结构，当某一刀齿损坏或用钝时，可随时对刀齿进行更换。

2. 铣削台阶

在卧式铣床上铣台阶时，三面刃铣刀的圆柱面切削刃起主要的铣削作用，两侧面切削刃起修光的作用。三面刃铣刀的直径、刀齿和容屑槽都比较大，所以刀齿的强度大，冷却和排屑效果好，生产效率高。因此，在铣削宽度不太大（受三面刃铣刀规格限制，一般刀齿宽度不大于25 mm）的台阶时，基本上都采用三面刃铣刀铣削。

（1）三面刃铣刀的选择

使用三面刃铣刀铣削台阶，主要是选择铣刀的宽度 L 及其直径 D。应尽量选用错齿三面刃铣刀。铣刀宽度应大于工件的台阶宽度 B，即 $L>B$。为保证在铣削中台阶的上平面能在直径为 d 的铣刀杆（此处的 d 实际是刀杆垫圈外径）下通过（见图3-12），三面刃铣刀直径 D 应根据台阶高度 t 来确定：

$$D>d+2t$$

在满足上式条件下，应选用直径较小的三面刃铣刀。

（2）工件的装夹与校正

在装夹工件前，必须先校正机床和夹具。采用机用虎钳装夹工件时，应检查并校正其固定钳口面（夹具上的定位面）

图3-12　三面刃铣刀直径

与主轴轴线垂直，同时要与工作台纵向进给方向平行。否则，就会影响铣出台阶的加工质量。

装夹工件时，应使工件的侧面（基准面）靠向固定钳口面，工件的底面靠向钳体导轨面，并将铣削的台阶底面略高出钳口上平面一些（见图3-13），以免钳口被铣伤。

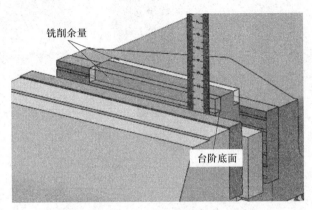

图3-13　用钢直尺检查工件的装夹高度

（3）用三面刃铣削刀铣削台阶

用三面刃铣刀铣削台阶时，可以只用一把三面刃铣刀铣削，也可以用两把三面刃铣刀组合加工，见表3-1。

表3-1　　　　　　　　　　　　用三面刃铣刀铣削台阶

内容	操作图示及说明
用一把三面刃铣刀铣台阶 　对刀方法	移动工作台，让旋转的铣刀侧刃擦着工件侧面（图a），垂直下降工件（图b），按台阶宽度 B 横向移动工作台（图c）并正面对刀，让铣刀圆周刃擦着工件顶面（图d），纵向退出工件（图e）并垂向上升工作台至 t 距离（图f） a)　　　　　　b)　　　　　　c)

内容	操作图示及说明
对刀方法	 d) e) f)
用一把三面刃铣刀铣台阶 — 铣一个台阶	 侧面余量 0.5~1 分层余量 三面刃铣刀铣台阶时只有圆柱面切削刃和一个侧面切削刃参加铣削，铣刀的一个侧面受力，就会使铣刀向不受力一侧偏让而产生"让刀"现象。尤其是较深的窄台阶发生的"让刀"现象更为严重。因此，可采用分层法铣削。即每次将台阶的侧面留 0.5~1 mm 余量，分次进给铣削台阶。最后一次进给时，将其底面和侧面同时铣削完成
用一把三面刃铣刀铣台阶 — 铣双台阶	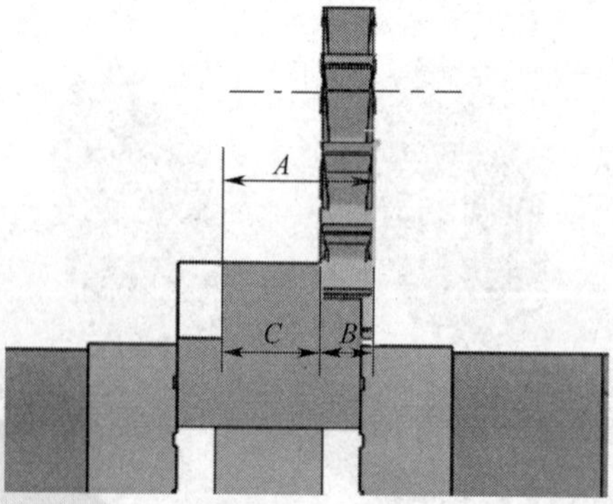 *A* *C* *B* 若铣削双台阶，则先铣成一侧台阶，保证规定的尺寸要求。纵向退刀，将工作台横向移动一个距离 A，紧固横向进给，再铣出另一侧台阶。工作台横移距离 A 由刀具宽度 B 以及两台阶的距离 C 确定： $$A=B+C$$ 若是铣削相互对称的双台阶，也可在一侧的台阶铣好后，将工件掉转 180° 重新装夹，再铣其另一侧面，可使台阶的对称度较高

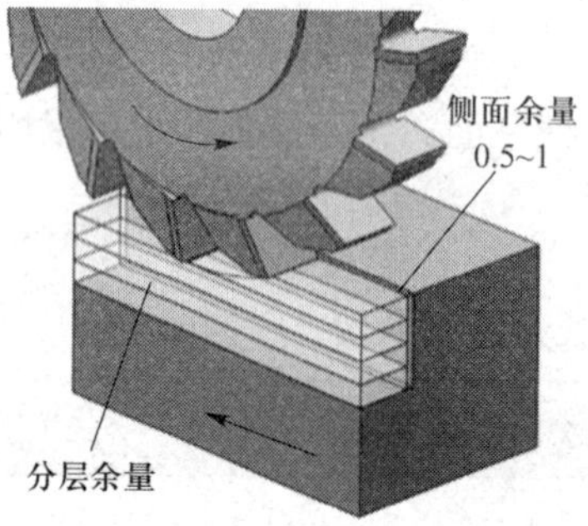

续表

内容	操作图示及说明
用组合三面刃铣刀铣台阶	 **特点及注意事项** 成批生产时，常采用两把三面刃铣刀组合起来铣削双台阶，不仅可以提高生产效率，而且操作简单，并能保证加工的质量要求 用组合铣刀铣台阶时，应注意仔细调整两把铣刀之间的距离，使其符合台阶凸台宽度尺寸的要求。同时，要调整好铣刀与工件的铣削位置
	 **铣刀的选择和调整** 选择铣刀时，两把铣刀必须规格一致，直径相同（必要时将两把铣刀一起装夹，同时在磨床上刃磨其外圆柱面上的切削刃） 两把铣刀内侧切削刃间的距离由多个刀杆垫圈进行间隔调整。通过不同厚度垫圈的换装，使其符合台阶凸台宽度尺寸的铣削要求。在正式铣削之前，应使用废料进行试铣削，以确定组合铣刀符合工件的加工要求。装刀时，两把铣刀应错开半个刀齿，以减轻铣削中的振动

四、用套式立铣刀或立铣刀铣削台阶

用套式立铣刀或立铣刀铣削台阶的方法见表3-2。

表 3-2 　　　　　　　　　用套式立铣刀或立铣刀铣削台阶的方法

内容	操作图示及说明
工件的装夹与校正	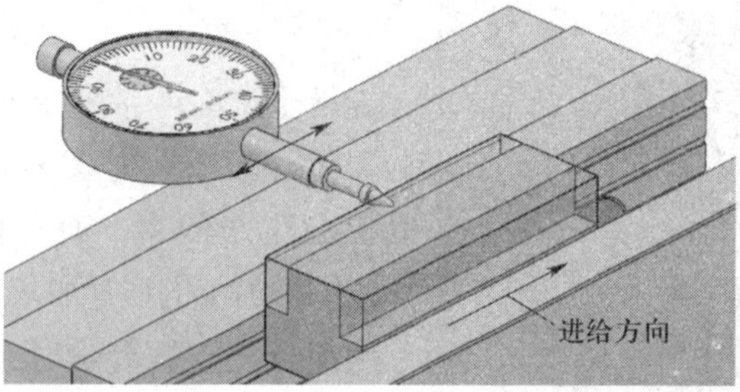 用套式立铣刀或立铣刀铣台阶，在装夹工件时，应先校正工件的基准面与工作台进给方向平行或垂直。使用机用虎钳装夹工件时，先要校正固定钳口面与工作台进给方向平行或垂直；铣削倾斜的台阶时，则按其纵向倾斜角度校正固定钳口面与工作台进给方向倾斜
用套式立铣刀铣台阶	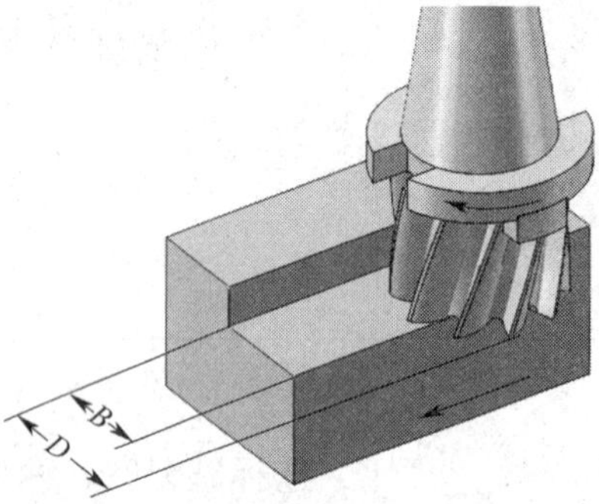 对于宽而浅的台阶，常用套式立铣刀在立式铣床上进行加工。套式立铣刀铣刀杆刚度强，切削平稳，加工质量好，生产效率高。套式立铣刀的直径 D 应按台阶宽度尺寸 B 选取：$D \approx 1.5B$
用立铣刀铣台阶 / 对刀	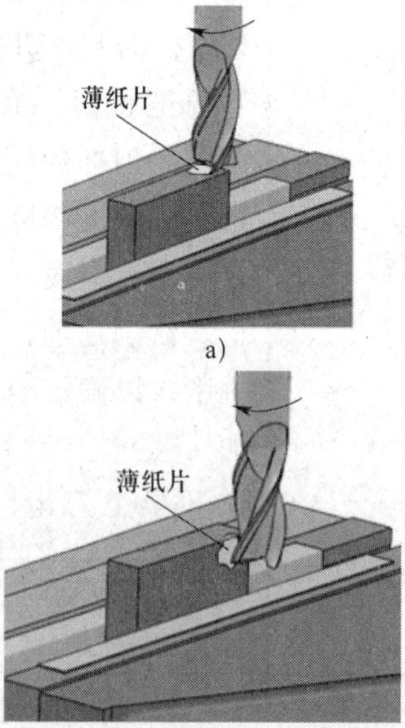 将铣刀处于如图 a 所示的位置进行垂向对刀。一般铣削台阶时，预制件表面为已加工表面，因此对刀常采用贴纸对刀法，具体方法如下：先在工件对刀处贴上一张薄纸片（薄纸片沾点机油或者切削液，然后贴在工件表面上），开动机床，垂向移动工作台，使得工件慢慢接近旋转的铣刀，当铣刀逐渐碰到薄纸片直至将其铣飞，记下数值，移开工件，然后调整铣削深度。将铣刀处于如图 b 所示的位置进行横向对刀。对刀方法如上。操作提示：铣削深度的调整要加上纸的厚度

图中标注：进给方向；薄纸片；a)；薄纸片；b)

续表

内容	操作图示及说明	
用立铣刀铣台阶	铣削方法	分层粗铣余量 精铣侧面和底面余量

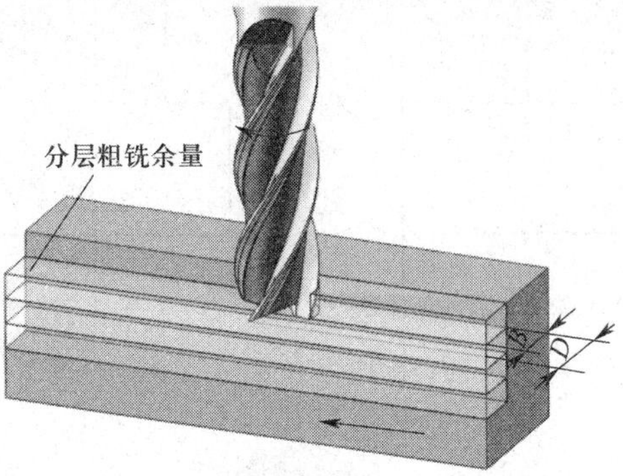

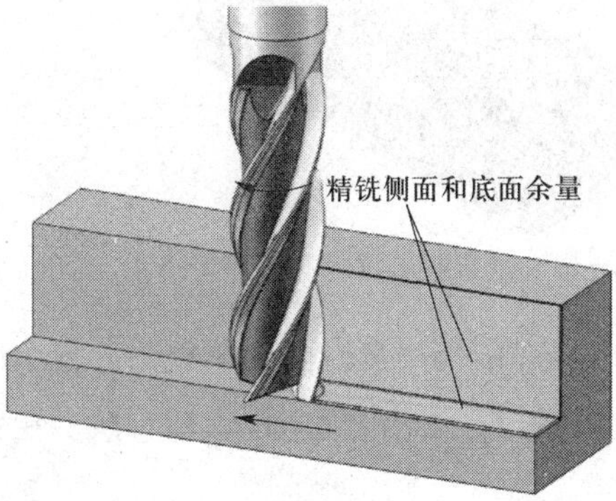

（右侧说明文字）

对于窄而深的台阶或内台阶工件，常用立铣刀在立式铣床上加工

由于立铣刀的刚度较差，铣削时，铣刀容易产生"让刀"现象，甚至折断。因此，一般采取分层粗铣，最后将台阶的宽度和高度精铣至要求。在条件许可的情况下，应选用直径较大的立铣刀铣台阶，以提高铣削效率

铣削双台阶定位键

一、训练任务

加工如图 3-14 所示的双台阶定位键。毛坯材料为 45 钢，毛坯尺寸为 80 mm × 30 mm × 26 mm。

二、制定加工工艺与工艺准备

1. 制定加工工艺

根据图样的精度要求，双台阶工件可在立式铣床上用立铣刀铣削加工，也可以在卧式铣床上用三面刃铣刀铣削加工。由于本任务的主要精度在台阶的两侧，因此用三面刃铣刀加工，以端铣方式形成的台阶侧面精度会比较高。其加工工艺过程为：检验预制件→安装机用虎钳→装夹和找正工件→安装三面刃铣刀→对刀，调整一侧台阶粗铣位

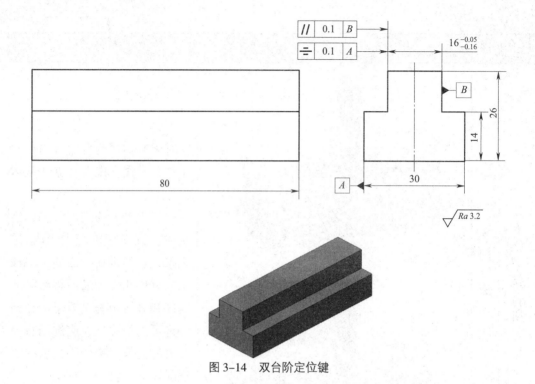

图 3-14　双台阶定位键

置→粗铣一侧台阶→预检，准确微量调整并精铣一侧台阶→调整另一侧台阶粗铣位置→粗
铣另一侧台阶→预检，准确微量调整并精铣另一侧台阶→检验双台阶。粗铣双台阶定位键
铣削顺序如图 3-15 所示。

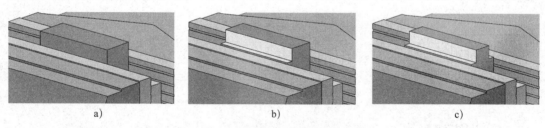

图 3-15　粗铣双台阶定位健铣削顺序
a）装夹工件　b）粗、精铣一侧台阶　c）粗、精铣另一侧台阶

2. 工艺准备

（1）选择机床

选用 X6132 型卧式铣床。

（2）选择工件的装夹方式

选用机用虎钳装夹工件，考虑到工件的铣削位置，必须在工件下方垫平行垫铁，使工
件台阶底面略高出钳口面，如图 3-16 所示。

（3）选择刀具

根据图样给定的单侧台阶底面宽度尺寸（30-16）mm/2=7 mm 及台阶高度尺寸

（26-14）mm=12 mm 选择三面刃铣刀的规格，现选用外径为 80 mm、宽度为 12 mm、孔径为 27 mm、铣刀齿数为 18 的标准直齿三面刃铣刀，如图 3-17 所示。

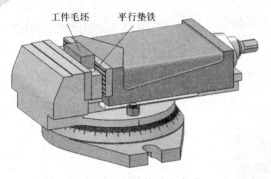

图 3-16　工件的装夹方式

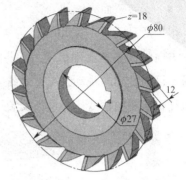

图 3-17　选择标准直齿三面刃铣刀

（4）选择检测方法

1）台阶的宽度尺寸用 0 ~ 25 mm 的外径千分尺测量，因精度不高，也可以采用分度值为 0.02 mm 的游标卡尺测量。台阶底面的高度尺寸用游标卡尺测量即可。

2）台阶两侧面的平行度可通过多点测量并对比所测尺寸数据来检验。

3）台阶侧面对工件宽度的对称度可用百分表借助标准平板和六面直角铁进行测量。测量时采用工件翻身法进行对比测量。

4）表面粗糙度值采用目测比对法检验。

三、双台阶定位键工件的铣削加工

1. 加工准备

（1）检验预制件

1）由于台阶在全长是贯通的，只有宽度、高度和位置有尺寸要求，因此要对预制件的宽度和高度进行检验，本任务检测预制件宽度为 29.91 mm，高度为 25.98 mm。

2）检测预制件侧面与上、下平面的垂直度，挑选垂直度较好的相邻面作为工件的定位面。

（2）安装机用虎钳

将机用虎钳安装在工作台中间 T 形槽内，用 T 形螺栓固定在台面上，并用百分表找正固定钳口，使其与工作台纵向平行。又由于工件装夹位置较高，夹持面不够大，因此机用虎钳活动钳口的滑枕与钳体的导轨之间的间隙不能过大，以免工件在加工过程中由于受力而向上翘起。

（3）装夹工件

在工件下面垫长度大于 80 mm，宽度小于 30 mm 的平行垫铁，并使工件顶面高出钳口 13 mm（台阶高度 12 mm），如图 3-18 所示。工件适当夹紧，用百分表复

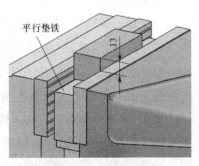

图 3-18　装夹工件

核工件定位侧面与工作台纵向的平行度及工件顶面与工作台面的平行度，确认无误后夹紧。

（4）安装三面刃铣刀

根据所选刀具，采用直径为 27 mm 的铣刀杆安装铣刀，注意铣刀刀齿方向与铣刀杆转动方向的关系，要确保铣刀刀齿前面朝向铣刀旋转的线速度方向，如图 3-19 所示。安装后，目测铣刀的跳动情况，若铣刀刀齿的径向圆跳动量和轴向圆跳动量过大，则应检查铣刀杆和垫圈的精度，并重新安装。

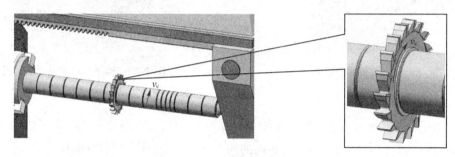

图 3-19　安装三面刃铣刀

（5）选择切削用量

按工件材料和铣刀的规格选择、计算和调整切削用量。

选取铣削速度 v_c=18 mm/min，每齿进给量 f_z=0.07 mm/z，则铣床主轴转速为：

$$n_1 = \frac{1\,000v_c}{\pi D} \approx \frac{1\,000 \times 18}{3.14 \times 80} \text{ r/min} \approx 71.66 \text{ r/min}$$

根据计算转速，结合铣床主轴变速手柄，实际选择主轴转速为 75 r/min。

进给速度为：

$$v_{f1}=f_z zn=0.07 \times 18 \times 75 \text{ mm/min}=94.5 \text{ mm/min}$$

根据计算进给速度，结合铣床进给变速手轮，实际选择进给速度为 95 mm/min。

三面刃铣刀铣削属于周铣，粗铣时铣削层宽度为 11.5 mm，精铣时铣削层宽度为 0.5 mm。台阶宽度为 7 mm，故粗铣时铣削层深度为 6.5 mm，精铣时为 0.5 mm 左右，具体余量根据粗加工后测量确定。

2. 铣削加工

（1）对刀和一侧台阶的粗铣调整

1）侧面横向对刀。在工件的一侧面贴上薄纸片，横向移动工作台，使三面刃铣刀的侧刃轻轻触碰纸片，直至将纸片铣飞，此时在横向刻度盘上做记号，调整横向位置，使一侧面铣削量为 6.5 mm，如图 3-20 所示。

2）上平面垂向对刀。在工件上平面贴薄纸片，使三面刃铣刀的圆周刃轻轻触碰纸片，直至将纸片铣飞，此时在垂向刻度盘上做记号，调整垂向位置，使工件上升 11.5 mm，如图 3-21 所示。

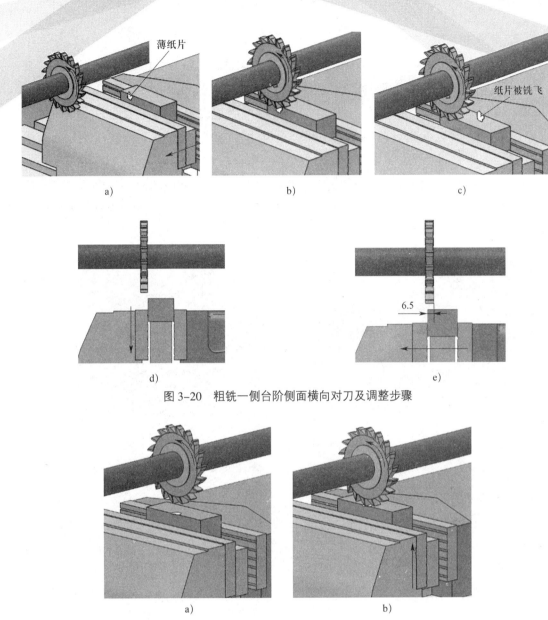

图 3-20 粗铣一侧台阶侧面横向对刀及调整步骤

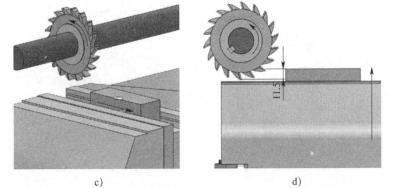

图 3-21 粗铣一侧台阶上平面垂向对刀及调整步骤

（2）粗铣和预检一侧台阶

1）粗铣一侧台阶。注意应紧固工作台横向进给，另因工件夹紧面积较小，切入工件初始时由于冲击力工件易被拉起，此时可手动进给缓慢切入，待切削平稳后再使用机动进给。

2）预检一侧台阶，如图3-22所示。预检测得当前台阶侧面与工件另一侧面的尺寸为23.41 mm，若定位键台阶宽度按中间公差尺寸为15.89 mm计算，台阶单侧铣削余量为（29.91–15.89）mm/2=7.01 mm。因此，精铣第一侧台阶后的尺寸应为（7.01+15.89）mm=22.9 mm，则按当前粗铣后剩余的精铣余量为（23.41–22.9）mm=0.51 mm。台阶底面高度的尺寸可用游标卡尺测量，预检测得当前高度尺寸为14.45 mm，高度按中间公差尺寸为14 mm计算，则精铣余量为（14.45–14）mm=0.45 mm。

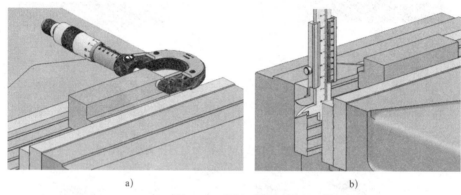

a)   b)

图3-22　预检一侧台阶

a）一侧台阶宽度预检　b）一侧台阶高度预检

（3）精铣和预检一侧台阶

1）工作台按0.51 mm的余量横向准确移动，按0.45 mm的余量进行垂向抬升，精铣一侧台阶，为保证表面质量，铣削时全程使用机动进给（进给速度可比选择的进给速度适当降低一挡），如图3-23所示。

2）预检精铣后的一侧台阶侧面至工件另一侧面的尺寸应为22.9 mm，底面高度尺寸应为14 mm。

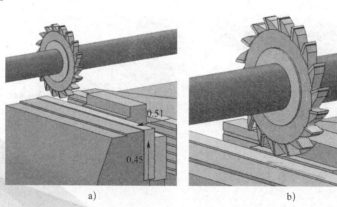

0.51

0.45

a)   b)

图3-23　精铣一侧台阶

（4）粗铣和预检另一侧台阶

1）工作台横向移动定位键，铣削另一侧台阶，因为粗铣后需在侧面留 0.5 mm 精铣余量，所以工作台横向移动的实际距离 H 为：

$$H=B+L+0.5 \text{ mm}=15.89 \text{ mm}+12 \text{ mm}+0.5 \text{ mm}=28.39 \text{ mm}$$

其中，B 为台阶宽度尺寸，L 为刀具宽度尺寸。按计算出的 H 值横向移动工作台，粗铣另一侧台阶，如图 3-24 所示。

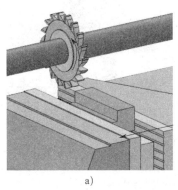
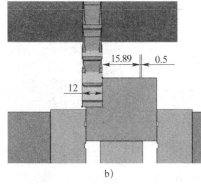

a)　　　　　　　　　　　b)　　　　　　　　　　　c)

图 3-24　粗铣另一侧台阶

2）预检另一侧台阶。由于计算出的工作台横向移动距离 H 中铣刀的宽度为公称尺寸，预检时，测得另一侧台阶粗铣后定位键台阶宽度的实际尺寸为 16.3 mm，因此实际精铣余量为 16.3 mm-15.89 mm=0.41 mm。

（5）精铣另一侧台阶

按预检尺寸及图样中键宽的中间公差尺寸的差值 0.41 mm 准确横向移动工作台，精铣另一侧台阶。

四、双台阶定位键工件的质量检测和质量分析

1. 质量检测

（1）用千分尺测量定位键台阶的宽度尺寸应为 15.84～15.95 mm，同时应在两侧对应位置多处测量，检查两侧面之间平行度误差应在 0.1 mm 以内。

（2）用游标卡尺测量台阶的高度尺寸应为 13.79～14.21 mm（未注公差可按 js14 确定公差范围）。

（3）定位键的台阶对称度采用百分表在标准平板上检验。可按图 3-11 所示，采用翻身法比较测量，百分表的示值误差应在 0.1 mm 以内。

（4）通过目测比对法进行表面粗糙度值的检验。

2. 质量分析

（1）台阶宽度尺寸超差的主要原因可能是对刀不准确、预检测量不准确、工作台移动数据计算错误等。

（2）台阶侧面的平行度超差的可能原因是铣刀直径较大，工作时向不受力一侧偏让（让刀），工件定位侧面与工作台进给方向不平行（见图3-25a），万能卧式铣床的工作台回转盘零位未对准等。其中工作台零位未对准时，用三面刃铣刀铣削而成的台阶两侧会出现凹弧形曲面，且上窄下宽而影响宽度尺寸和几何精度，如图3-25b所示。

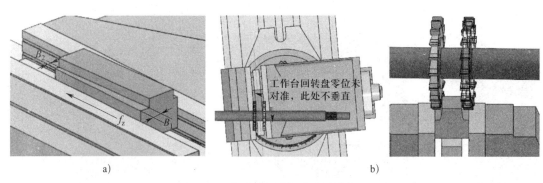

a)   b)

图 3-25　台阶侧面平行度超差的原因

a）工件定位侧面与工作台进给方向不平行　b）工作台零位不准对台阶加工的影响

（3）台阶底面与工件顶面不平行，如图3-26所示，主要是因为工件在装夹时水平面基准与工作台面不平行，导致在铣削过程中出现一头高一头低的现象。

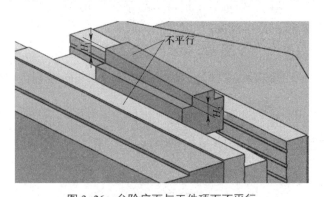

图 3-26　台阶底面与工件顶面不平行

操作提示：铣削之前，必须严格检查和校正铣床"零位"、夹具的定位基准和工作台的进给方向的垂直度和平行度。

（4）台阶侧面对工件宽度对称度超差的可能原因是工件侧面与工作台纵向不平行、工作台移动数据计算错误、预检测量误差等。

（5）表面粗糙度值过大的可能原因是铣刀质量差和过早磨损、铣刀杆精度差、刀杆支架支承轴承间隙调整不合理等。

技能训练二

铣削塔形台阶

一、训练任务

铣削如图 3-27 所示的塔形台阶工件。毛坯材料为 HT200，毛坯尺寸为 60 mm×38 mm×37 mm。

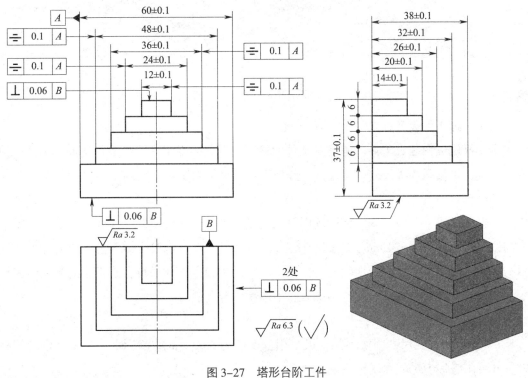

图 3-27 塔形台阶工件

二、制定加工工艺与工艺准备

1. 制定加工工艺

根据图样的精度要求和台阶分布的特点，选择在立式铣床上用立铣刀铣削加工塔形台阶工件。若在卧式铣床上用三面刃铣刀进行铣削加工，则只能沿纵向铣削，台阶无法一次装夹铣削完成。塔形台阶加工工艺过程：检验预制件→安装、找正机用虎钳→装夹和找正工件→安装立铣刀→对刀调整，粗、精铣 12 mm×14 mm 台阶→依次粗、精铣 24 mm×20 mm、36 mm×26 mm、48 mm×32 mm 台阶→检验塔形台阶。粗、精铣塔形台阶的加工工艺过程如图 3-28 所示。

2. 工艺准备

（1）选择铣床

选用 X5032 型立式铣床。

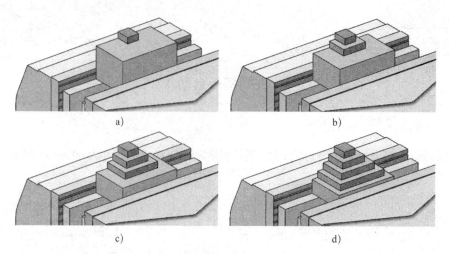

图 3-28　粗、精铣塔形台阶

（2）选择工件装夹方式

选用机用虎钳装夹工件。考虑到工件的铣削位置，须在工件下垫平行垫铁。为便于检查和测量，采用两块等高的平行垫铁，并使工件最低的台阶底面略高于钳口上平面。

（3）选择刀具

根据图样尺寸分析可知，台阶顶面最大铣削宽度尺寸（60-12）mm/2=24 mm，台阶最大高度尺寸 6 mm×4=24 mm，因此选择立铣刀规格为 φ25 mm 中齿（3 齿）锥柄标准立铣刀。又因为硬质合金刀具的切削速度比较高、切削力较大，而塔形台阶工件的装夹面积较小，考虑安全因素，选择用高速钢铣刀而不选硬质合金铣刀。

（4）选择检测方法

1）台阶的宽度尺寸精度不高，可采用分度值为 0.02 mm 的游标卡尺测量。台阶的高度尺寸可用游标卡尺的深度尺测量。

2）台阶侧面对工件相对 60 mm 两侧面的对称度，可用百分表借助标准平板和六面直角铁进行测量，测量时的具体操作方法如图 3-11 所示。

三、塔形台阶工件的铣削加工

1. 加工准备

（1）检验预制件

1）检验工件实际尺寸，本任务工件长度为 60.02～60.08 mm，高度为 36.95～37.02 mm，宽度为 38.05～38.07 mm。

2）检验预制件侧面与上、下平面对台阶后侧面的垂直度，应均在公差范围 0.06 mm 内。

（2）安装、找正机用虎钳

将机用虎钳安装在工作台中间的 T 形槽内，位置居中，并用百分表找正固定钳口定位面与工作台纵向平行。

（3）装夹和找正工件

工件下面垫长度约为 100 mm、宽度约为 15 mm 的两块等高平行垫铁，其高度使工件上平面高于钳口 25 mm 以上，如图 3-29 所示。工件夹紧以后，可用百分表复核工件定位侧面与纵向的平行度，以及上平面与工作台面的平行度。

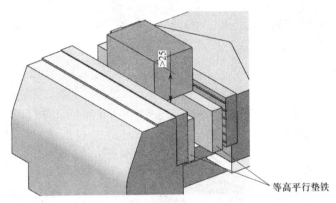

等高平行垫铁

图 3-29　装夹工件

（4）安装铣刀

采用弹簧夹头安装立铣刀。安装后，目测检验铣刀的跳动情况。此外，因铣削过程中会连续使用纵向和横向进给，所以还应检查立铣头零位线是否对准，以免因立铣头倾斜导致台阶侧面与顶面不垂直。

（5）选择铣削用量

根据工件材料和立铣刀的直径、齿数选择和调整铣削用量，由于工件装夹夹持面积较小，因此选择时应考虑使用范围数值的较低值。

选取铣削速度 v_c=15 mm/min，每齿进给量 f_z=0.05 mm/z，则铣床主轴转速为：

$$n_1 = \frac{1\,000 v_c}{\pi D} \approx \frac{1\,000 \times 15}{3.14 \times 25} \text{ r/min} \approx 191.1 \text{ r/min}$$

根据计算转速，结合铣床主轴变速手柄，实际选择主轴转速为 190 r/min。

进给速度为：

$$v_{f1} = f_z z n = 0.05 \times 3 \times 190 \text{ mm/min} = 28.5 \text{ mm/min}$$

根据计算进给速度，结合铣床进给变速手轮，实际选择进给速度为 30 mm/min。

2. 铣削加工

用立铣刀铣削台阶的步骤如图 3-30 所示。

（1）对刀和左侧台阶的粗铣调整

1）侧面纵向对刀。如图 3-31 所示，在工件一侧面贴薄纸片，使立铣刀的圆周刃恰好擦到工件侧面，在纵向刻度盘上做记号，调整纵向位置，使一侧面铣削量为

$$s_1 = \left(\frac{60.05 - 12}{2} - 0.5 \right) \text{mm} \approx 23.53 \text{ mm}。$$

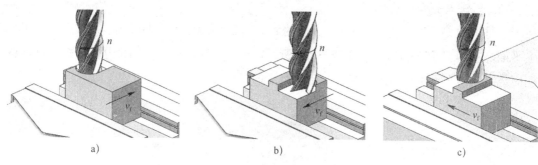

图 3-30　用立铣刀铣削台阶的步骤

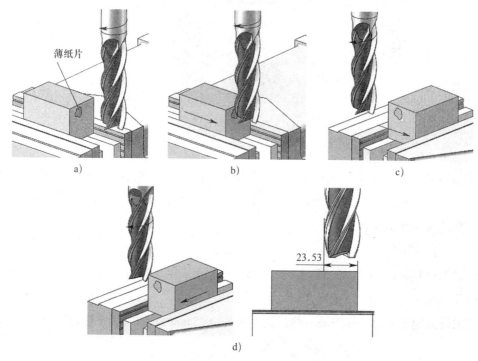

图 3-31　侧面纵向对刀

2）上平面垂向对刀。如图 3-32 所示，在工件上平面贴薄纸片，使立铣刀的端面刃恰好擦到工件上平面，在垂向刻度盘上做记号，调整垂向位置，使工件上升 5.5 mm。

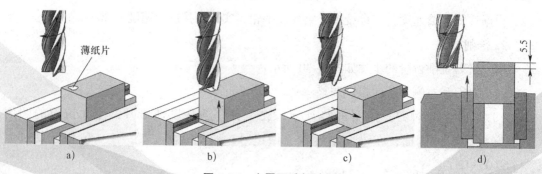

图 3-32　上平面垂向对刀

（2）粗铣及预检一侧台阶

1）粗铣一侧台阶时注意紧固工作台纵向进给，因工件夹紧面积较小，粗铣时可采用手动横向进给。

2）预检时，应先计算预检的尺寸数值。如图 3-33 所示，粗铣后，若测得台阶侧面与工件侧面的尺寸为 36.49 mm，按台阶宽为 12 mm 计算，台阶单侧铣除的余量为（60.05-12）mm/2 ≈ 24.03 mm。因此，精铣一侧台阶后的尺寸应为 24.03 mm+12 mm=36.03 mm，铣削余量为 36.49 mm-36.03 mm=0.46 mm。台阶高度的尺寸可直接用游标卡尺深度尺测量，若粗铣后测得高度尺寸为 5.52 mm，则精铣余量为 6 mm-5.52 mm=0.48 mm。

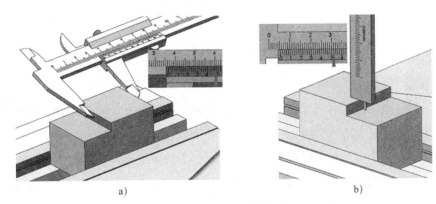

图 3-33　预检一侧台阶

（3）精铣及预检一侧台阶

1）工作台按 0.46 mm 纵向准确移动，按 0.48 mm 垂向升高，精铣一侧台阶，为保证表面质量，铣削时全程使用机动进给。

2）预检精铣后的两侧面尺寸应为 36.03 mm，高度尺寸为 6 mm。

（4）粗铣及预检另一侧台阶

1）工作台纵向移动台阶宽 A 和刀具直径尺寸 L 之和，铣削另一侧台阶，粗铣时可在侧面留 0.5 mm 余量，因此移动距离 s_2 为：

$$s_2=A+L+0.5 \text{ mm}=12 \text{ mm}+25 \text{ mm}+0.5 \text{ mm}=37.5 \text{ mm}$$

按计算值 s_2 纵向移动工作台，粗铣另一侧台阶，如图 3-34 所示。

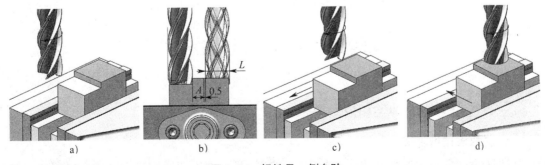

图 3-34　粗铣另一侧台阶

（2）由于计算值 s_2 中铣刀的直径为公称尺寸，预检时，测得另一侧粗铣后的台阶宽度尺寸为 12.3 mm，因此实际精铣余量为 12.3 mm–12 mm=0.3 mm。

（5）精铣另一侧台阶

按预检尺寸与图样中间公差的台阶宽度尺寸差值 0.3 mm 准确纵向移动工作台，精铣另一侧台阶。

（6）铣削同高度、宽度为（14±0.1）mm 台阶的步骤与步骤（1）至（3）相同，操作时按类似的计算方法计算调整数据。

（7）重复步骤（1）至（6），可依次粗、精铣 24 mm×20 mm、36 mm×26 mm、48 mm×32 mm 台阶。

四、塔形台阶工件的质量检测和质量分析

1. 质量检测

（1）用游标卡尺测量各台阶宽度尺寸均应在基本尺寸公差 ±0.1 mm 范围内。

（2）用百分表在标准平板上测量台阶宽 12 mm、24 mm、36 mm、48 mm 对工件两侧面的对称度时，操作方法与技能训练一相同，百分表的示值误差应在 ±0.1 mm 范围内。

（3）用游标卡尺测量台阶高度尺寸应为 5.85～6.15 mm（未注公差可按 js14 确定公差范围）。

（4）通过目测比对法进行表面粗糙度值的检验。对台阶底面要求接刀平整，不能有明显的接刀痕。

2. 质量分析

除了与铣削双台阶定位键技能训练类似的质量要点之外，应注意以下几点：

（1）由于兼用纵、横向进给，立铣头与工作台面的垂直度会影响台阶底面的接刀平整度。

（2）因工件装夹位置比较高，铣削时又从上至下，因此容易产生拉刀、铣削振动等现象，严重时会发生"梗刀"、工件走动等问题，影响工件的尺寸精度、形状精度和表面质量。

（3）由于本任务尺寸较多，形状与位置较复杂，调整数据计算比较多，对铣削操作准确度要求比较高，因此加工之前应做好比较充分的准备，避免操作失误。

课题二　直角沟槽的铣削

一、直角沟槽的种类和技术要求

1. 直角沟槽的种类

常见的直角沟槽有敞开式、半封闭式和封闭式三种，即通槽、半通槽、封闭槽，如

图 3-35 所示，其中半封闭式沟槽的尾部有立铣刀圆弧（立圆弧）和盘形铣刀圆弧（卧圆弧）两种形式。

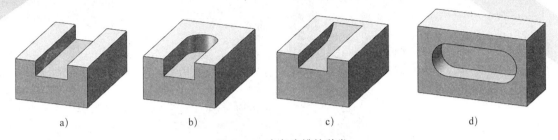

图 3-35 直角沟槽的种类

a）通槽 b）立圆弧半通槽 c）卧圆弧半通槽 d）封闭槽

2. 直角沟槽的技术要求

（1）尺寸精度

大多数的直角沟槽要与其他零件相配合，所以对直角沟槽的尺寸精度（主要是配合尺寸精度）要求比较高，包括槽的长度、宽度与深度。

（2）几何精度

对直角沟槽的形状（如矩形）、直线度等，应有一定的要求，否则就不能与其他零件很好的配合；槽的两侧面之间一般要求有一定的平行度要求，同时对槽的位置也会有要求，很多时候槽的位置要相对零件的对称中心面有对称度要求。

（3）表面粗糙度

对组成槽的各个表面都有表面粗糙度要求，要求用于配合的表面有比较小的表面粗糙度值。

二、直角沟槽的质量检测

1. 尺寸检测

（1）一般尺寸检测

直角沟槽的长度、宽度和深度一般使用游标卡尺、游标深度卡尺检测，如图 3-36 所示。

（2）精度较高尺寸检测

工件尺寸精度较高时，槽的宽度尺寸可用孔用极限量规（塞规）或是内测千分尺进行检测，深度可用深度千分尺进行测量，如图 3-37 所示。

2. 几何精度检测

直角沟槽的几何精度主要是沟槽两侧面的平行度及对称度的要求，可用游标卡尺或杠杆百分表检测。游标卡尺检测时，检测槽两侧在长度方向上的多点间的距离，其差值就是沟槽平行度误差（见图 3-38a）；分别检测槽两侧到对应工件侧面的距离，两次检测的差值就是对称度误差（见图 3-38b）。

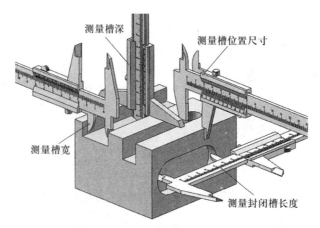

图 3-36　直角沟槽一般尺寸检测

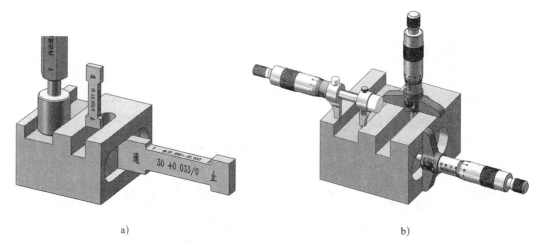

a)　　　　　　　　　　　　　　　b)

图 3-37　直角沟槽精度较高的尺寸检测

a）孔用极限量规测量　b）内测千分尺、深度千分尺测量

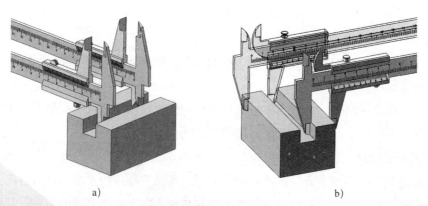

a)　　　　　　　　　　　　　　　b)

图 3-38　游标卡尺检测直角沟槽平行度和对称度误差

a）检测平行度误差　b）检测对称度误差

用杠杆百分表检测时，分别以工件侧面 A 和 B 为基准面靠在平板上，然后使百分表的测头触到工件的槽侧面上，平移工件检测，两次检测所得百分表的指示读数之差值，即其对称度（或平行度）误差值，如图 3-39 所示。

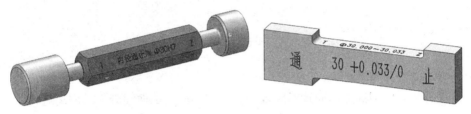

图 3-39　杠杆百分表检测直角沟槽平行度和对称度误差

三、孔用极限量规及其使用

孔用极限量规是光滑极限量规的一种，用于检验基本尺寸小于或等于 500 mm、公差等级为 IT6 ~ IT16 的孔，如图 3-40 所示。其一端为通规，一端为止规，用它们检验工件尺寸是否在规定的极限尺寸范围内，从而判别工件是否合格。

图 3-40　孔用极限量规

用孔用极限量规检验直角沟槽时，只有通规能通过工件而止规过不去才表示被检工件合格，否则就不合格，即判定零件是否合格的标准是"通端通、止端止"，如图 3-41 所示。

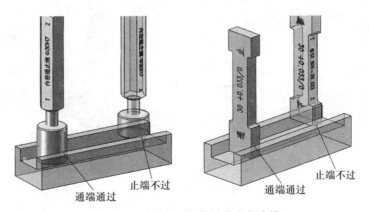

止端不过

通端通过

止端不过

通端通过

图 3-41　孔用极限量规检验直角沟槽

四、内测千分尺、深度千分尺及其使用

1. 内测千分尺

内测千分尺是内径千分尺的一种特殊形式，如图 3-42 所示。当顺时针旋转微分筒时，活动测量爪向左移动，测量值增大，可用于测量 5 ~ 30 mm 的孔径。使用方法与使用游

标卡尺的内测量爪测量内径尺寸的方法相同。分度值为 0.01 mm。由于结构设计方面的原因，其测量精度低于其他类型的千分尺。

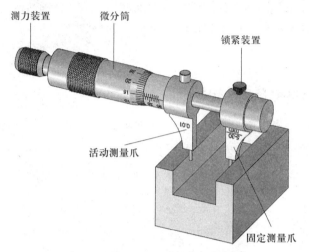

图 3-42　内测千分尺测量直角沟槽槽宽

2. 深度千分尺

深度千分尺是利用螺旋副原理对底板测量面与测杆测量面间分隔的距离进行读数的深度测量器具，如图 3-43 所示，当顺时针旋转微分筒时，测量杆伸出，测量值增大，与普通千分尺不同的是其刻度值 "0" 位在微分筒远离测量杆的尾端。它主要用来测量孔的深度、台阶的高度和沟槽深度。其读数原理与普通千分尺相同。

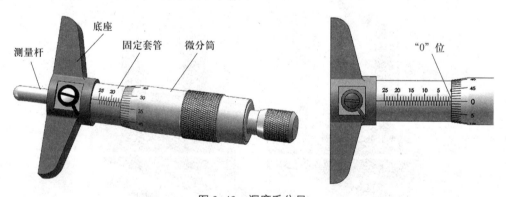

图 3-43　深度千分尺

五、直角通槽的铣削方法

1. 用三面刃铣刀铣削通槽

由于三面刃铣刀在加工的过程中同时参与加工的切削刃有三个，其中圆柱面切削刃起主要切削作用，两个侧面切削刃起修光作用，如图 3-44a 所示，因此为了减小三面切削刃同时切削带来的较大切削阻力，通常也会用错齿三面刃铣刀来铣削通槽，如图 3-44b 所示。

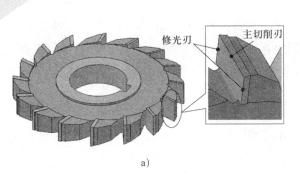

修光刃　主切削刃

a)　　　　　　　　　　　b)

图 3-44　三面刃铣刀铣削通槽

三面刃铣刀一般用于槽宽不大的情况下，由于其圆周刃为主切削刃，刀具有足够的刚度来保证直角沟槽加工的质量。

（1）铣刀的选择

三面刃铣刀铣削直角通槽时，铣刀的尺寸规格选择与铣削台阶时相似。所不同的是铣刀的宽度一般选取 $L \leqslant B$；槽宽精度要求不高时，可取刀宽与槽宽相等；精度要求高，槽两侧都需要精铣时，则刀宽要小于槽宽，保证有精铣余量。

为保证在铣削中沟槽的上平面能在直径为 d 的刀杆垫圈下通过（见图 3-45），三面刃铣刀直径 D 应根据沟槽深度 t 来确定：

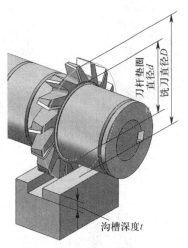

刀杆垫圈直径d　铣刀直径D

沟槽深度t

图 3-45　三面刃铣刀直径的确定

$$D > d + 2t$$

（2）工件装夹

铣削直角沟槽时，如果沟槽较浅一般尽可能采用沟槽方向与固定钳口垂直的方向装夹，如图 3-46a 所示，可避免工件因切削受力在钳口里窜动；当沟槽有一定深度或因工件尺寸原因致使沟槽底面低于机用虎钳钳口面时，则采用沟槽方向与固定钳口平行的方向装夹，如图 3-46b 所示。

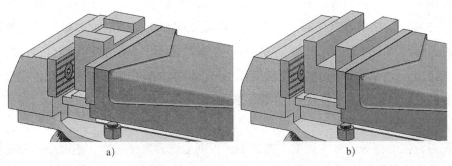

a)　　　　　　　　　　　b)

图 3-46　铣削直角沟槽时工件的装夹

（3）对刀方法

三面刃铣刀铣削直角通槽的对刀方法可采用与铣削台阶时类似的对刀方法，对刀时，移动工作台，让旋转的铣刀侧刃擦着工件侧面（见图 3-47a），垂直下降工件使三面刃铣刀最底端圆周刃高出工件顶面（见图 3-47b），按直角沟槽距工件边缘尺寸 A+ 沟槽宽度的一半 $\dfrac{B}{2}$+ 刀具宽度一半 $\dfrac{L}{2}$ 之和的尺寸横向移动工作台（见图 3-47c）并正面对刀，让铣刀圆周刃擦着工件顶面（见图 3-47d），纵向退出工件（见图 3-47e）并垂向上升工作台至 t 距离（见图 3-47f）。

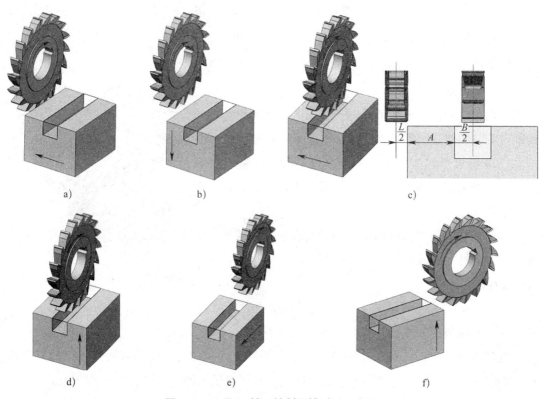

图 3-47　三面刃铣刀铣削通槽时对刀方法

a）侧面对刀　b）工件垂向退刀　c）顶面对刀　d）工件横向进给　e）工件纵向退刀　f）工件垂向进给

也可以采用划线参照对刀的方法来对刀，如图 3-48 所示，在工件表面划出直角沟槽的边线，比实际沟槽的宽度应略小一些，这样在铣削加工完成后可以将划线铣除。对刀时，将铣刀移动到工件上方，目测刀具宽度在两条线之间，垂向上升工作台，使铣刀在工件表面试切出一个浅圆弧槽，然后下降工作台，此时观察铣出的槽的位置是否在参照线之间，若有偏差，可微量调整使其处于两线之间。

2. 用立铣刀铣削通槽

立铣刀铣削通槽时，通常宽度不能太小，否则立铣刀直径过小，刚度差，刀具容易受损且槽的质量难保证。尤其当槽宽大于等于 25 mm 时，更适合用立铣刀铣削通槽。

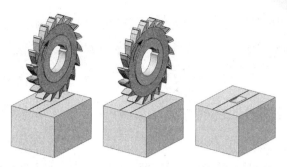

图 3-48　三面刃铣刀铣削通槽时划线参照对刀方法

（1）刀具选择

立铣刀的直径一般选取 $D \leqslant B$，槽宽精度要求不高时，可取铣刀直径与槽宽相等，但精度要求高，槽两侧都需要精铣时，则铣刀直径要小于槽宽，保证有精铣余量。铣刀的长度根据槽深来确定，一般切削刃长度要大于槽深，但不宜过长，否则铣刀刚度会下降。

（2）对刀方法

立铣刀铣削直角通槽时对刀方法与三面刃铣刀铣削直角通槽时对刀方法相同，具体操作步骤如图 3-49 所示。

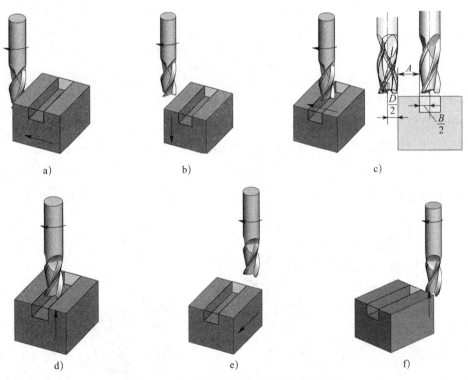

图 3-49　立铣刀铣削直角通槽时对刀方法

a）侧面对刀　b）工件垂向退刀　c）工件横向进给　d）顶面对刀　e）工件纵向退刀　f）工件垂向进给

（3）铣削方法

由于立铣刀的刚度较差，铣削时易产生"偏让"现象，甚至使铣刀折断。在铣削较深的槽时，可用分层铣削的方法，先粗铣至槽的深度尺寸，再扩铣至槽的宽度尺寸。扩铣时，应尽量采用逆铣，操作方法与铣削台阶的方法相似，见表3-2。

六、半通槽和封闭槽的铣削方法

1. 半通槽的铣削方法

由于半通槽一端是开口而另一端是封闭状态，因此在槽的长度方向上有尺寸要求，如图3-50a所示。铣削时无法采用三面刃之类的铣刀，一般采用立铣刀或者键槽铣刀进行加工，铣削方法与立铣刀加工通槽相似，如图3-50b所示。

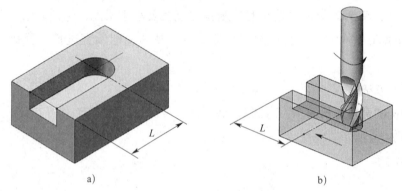

a)   b)

图3-50 立铣刀铣削半通槽的方法

a）半通槽工件尺寸   b）铣削方法

2. 封闭槽的铣削方法

（1）用立铣刀铣削封闭槽

由于封闭槽两端不通，所以立铣刀无法从侧面开始铣削，如图3-51a所示，而立铣刀端部切削刃没有通过刀具中心，如图3-51b所示，因此也不能轴向从工件顶面垂直切削。

立铣刀加工封闭槽时，可用麻花钻先在封闭槽一端圆弧中心位置预钻一个落刀孔（落

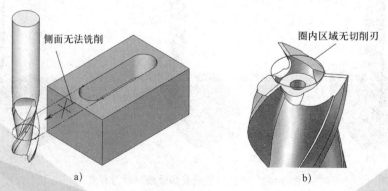

a)   b)

图3-51 立铣刀铣削封闭槽时的问题

刀孔的直径应小于封闭槽端部圆弧直径），为了使落刀孔位置符合封闭槽铣削位置要求，一般应先在落刀孔位置划线，然后钻孔，如图 3-52a 所示，立铣刀从落刀孔位置下刀进行铣削，如图 3-52b 所示，在铣削深度达到后，沿着封闭槽长度方向进给封闭槽两端圆弧中心距离的长度，完成封闭槽的铣削，如图 3-52c 所示。

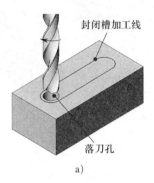
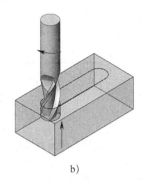
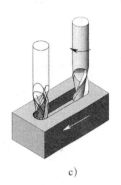

图 3-52 立铣刀铣削封闭槽的方法

（2）用键槽铣刀铣削封闭槽

采用键槽铣刀铣削封闭槽时，因为键槽铣刀端部两条切削刃之间相连（见图 3-53a），可以对工件进行垂直方向的进给，铣刀不需要落刀孔即可直接落刀对工件进行铣削，如图 3-53b 所示。常用于加工高精度的、较浅的半通槽和不穿通的封闭槽。

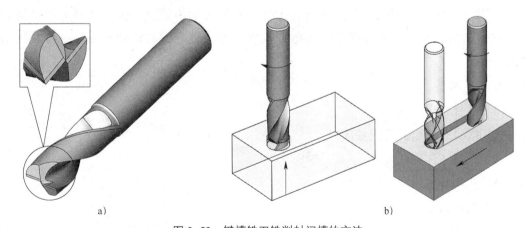

图 3-53 键槽铣刀铣削封闭槽的方法

铣削直角通槽

一、训练任务

铣削如图 3-54 所示带直角通槽的滑块。毛坯材料为 HT200，毛坯尺寸为 50 mm×50 mm×40 mm。

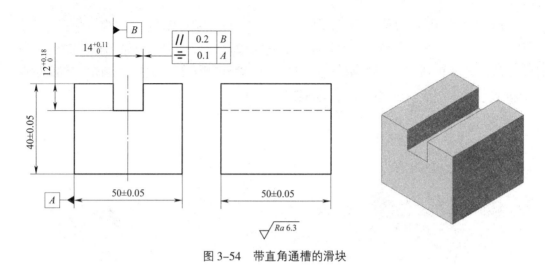

图 3-54　带直角通槽的滑块

二、制定加工工艺与工艺准备

1. 制定加工工艺

根据图样的精度要求，直角通槽可在立式铣床上用立铣刀铣削加工，也可以在卧式铣床上用三面刃铣刀铣削加工。由于主要精度面在直角通槽侧面，因此，本任务在卧式铣床上用三面刃铣刀加工直角通槽。加工工艺过程：检验预制件→安装、找正机用虎钳→工件表面划线→装夹和找正工件→安装三面刃铣刀→按划线对刀调整铣削中间槽→预检、准确微量调整精铣一侧→预检、准确微量调整精铣另一侧→检验直角通槽。

2. 工艺准备

（1）选择铣床

选用 X6132 型卧式万能铣床。

（2）选择工件装夹方式

选用机用虎钳装夹工件。

（3）选择刀具

根据直角通槽的宽度和深度尺寸选择铣刀规格，现选用外径为 80 mm、宽度为 12 mm、孔径为 27 mm、铣刀齿数为 18 的标准直齿三面刃铣刀。

（4）选择检测方法

1）直角通槽的宽度尺寸可用 0~25 mm 的内径千分尺测量，本任务采用游标卡尺进行测量，如图 3-55a 所示，深度尺寸可用游标深度卡尺测量，本任务采用游标卡尺尾部深度尺测量，如图 3-55b 所示。

2）直角通槽对工件宽度的对称度，用百分表借助标准平板进行测量，测量时采用工件翻身法进行对比测量，具体操作方法与台阶对称度测量相同，参见图 3-11。

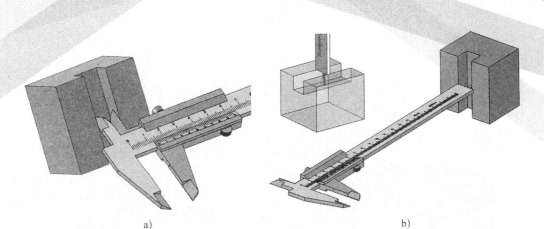

a)　　　　　　　　　　　　　　　b)

图 3-55　直角通槽的尺寸检测

三、直角通槽的铣削加工

1. 加工准备

（1）检验预制件

1）检验工件宽度和高度实际尺寸，本任务宽度为 49.97～50.02 mm，高度为 40.00～40.03 mm。

2）检验预制件侧面与底平面的垂直度，两侧面的平行度。本任务面 A 与底面的垂直度较好，可作为侧面定位基准。

（2）安装、找正机用虎钳

将机用虎钳安装在工作台上，并用百分表找正固定钳口定位面与工作台纵向平行。

（3）在工件表面划线

以工件侧面定位，游标高度卡尺的划线量爪调整高度为 18 mm，用翻身法在工件上平面划出对称外形的槽宽参照线，如图 3-56 所示。

（4）装夹和找正工件

在工件下面垫长度大于 50 mm、宽度小于 50 mm 的平行垫铁，其高度应使工件上平面高于钳口 13 mm 或以上，以避免加工时夹紧力对直角通槽的影响，如图 3-57 所示。工件夹紧以后，可用双手推动垫铁，感受垫铁两端的定位接触面的贴合程度，还可用 0.02 mm 的塞尺检查侧面定位情况。

（5）安装铣刀

本任务采用直径 27 mm 的铣刀杆安装铣刀，安装后，目测铣刀的跳动情况，也可用百分表测量铣刀安装后的径向圆跳动、轴向圆跳动，如图 3-58 所示。

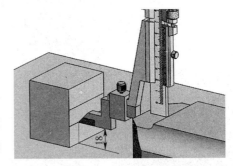

图 3-56　划槽宽参照线

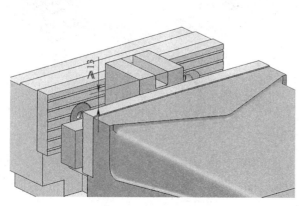

图 3-57　装夹工件

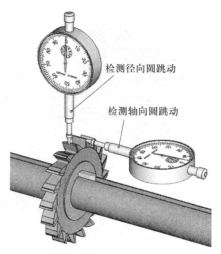

检测径向圆跳动

检测轴向圆跳动

图 3-58　安装铣刀

（6）选择铣削用量

按工件材料和铣刀的规格选择和调整铣削用量。因材料强度比较低，装夹比较稳固，加工表面的表面粗糙度要求也不高，故调整主轴转速 n=75 r/min（$v_c \approx 18.85$ mm/min），进给速度 v_f=60 mm/min（$f \approx 0.05$ mm/z）。

2. 铣削加工

（1）对刀

1）按划线侧刃对刀时，如图 3-59a 所示，调整工作台，使铣刀处于铣削位置上方，目测铣刀两侧刃与槽宽参照线距离相等，然后开动机床，垂向缓缓上升试铣切痕，停机垂向退刀后，目测切痕是否处于槽宽参照线中间，如图 3-59b 所示，若有偏差，微量调整工作台横向使切痕处于参照线中间，需要注意的是，最后一次横向调整结束时应使刀具是向着侧面基准方向移动的，以确保在铣削直角通槽第一侧时消除丝杠间隙。

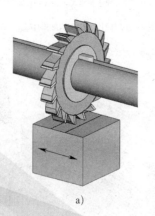

a)

b)

图 3-59　侧刃对刀

2）在工件上平面对刀，使三面刃铣刀的圆周刃恰好擦到工件上平面，在垂向刻度盘上做记号，调整垂向，使工件上升 11.5 mm，如图 3-60 所示。

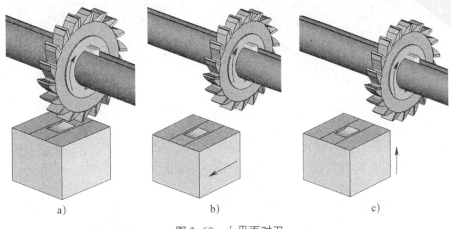

a)   b)   c)

图 3-60　上平面对刀

（2）铣削中间槽并预检（见图 3-61）

1）铣削中间槽时注意紧固工作台横向进给，并注意铣削振动情况，适当调节刀杆支架的支承轴承间隙。

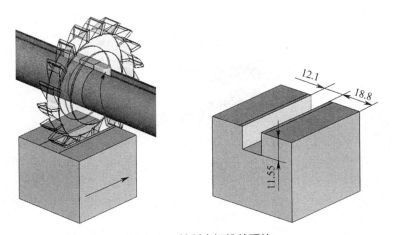

图 3-61　铣削中间槽并预检

2）预检时，应先计算相关数据。若槽宽按 14.05 mm 计算（槽宽中间公差尺寸，后面所取尺寸也均为图样或预检中间公差尺寸），槽侧与工件侧面尺寸为（50-14.05）mm/2 ≈ 17.98 mm，粗铣后预检，测得槽宽为 12.1 mm，槽侧与工件定位侧面的实际尺寸为 18.8 mm，槽深为 11.55 mm。

（3）精铣及预检直角通槽的一侧（见图 3-62）

1）工作台按（18.8-17.98）mm=0.82 mm 横向准确移动，按（12.1-11.55）mm=0.55 mm 垂向升高，精铣直角通槽一侧，为保证表面质量，铣削时全程使用机动进给。

2）精铣后预检槽侧与工件定位侧面的尺寸应为 17.98 mm，槽深尺寸为 12.1 mm。

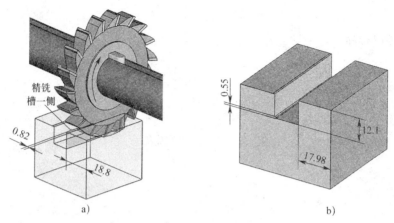

图 3-62　精铣及预检直角通槽一侧

（4）精铣及预检直角通槽的另一侧（见图3-63）

根据粗铣后所测尺寸计算，直角通槽另一侧距工件另一侧尺寸约为（50-12.1-18.8）mm=19.1 mm，此时的余量约为（19.1-17.98）mm=1.12 mm。工作台横向恢复到中间槽位置，反向移动（19.1-18.8）mm=0.3 mm，半精铣直角通槽另一侧。预检槽宽尺寸，若测得槽宽为13.52 mm，按（14.05-13.52）mm=0.53 mm准确移动工作台横向位置，精铣直角通槽另一侧。再次测量槽宽尺寸应在14.05 mm左右。

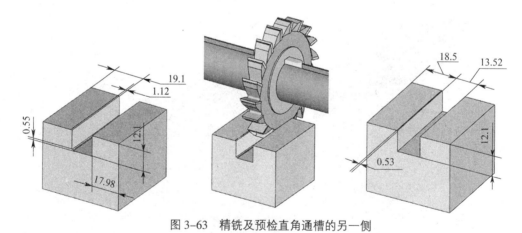

图 3-63　精铣及预检直角通槽的另一侧

四、直角通槽的质量检测和质量分析

1. 质量检测

（1）用游标卡尺或内测千分尺测量直角通槽宽度尺寸应为14.00~14.11 mm，测量时将一个测量爪紧贴被测量面，另一个测量爪做微量摆动，测得槽侧间最小距离后，读出测量数值。

（2）用百分表在标准平板上测量槽宽对工件两侧面的对称度时，应将工件侧面与平板表面贴合，然后用翻身法比较测量，百分表的示值误差应在0.1 mm内，采用如

图 3-64 所示的方法。由于对称精度不高，也可以用外径千分尺测量槽侧与工件侧面的尺寸，两侧尺寸误差值应在 0.1 mm 内，如图 3-65 所示。

图 3-64　用百分表在标准平板上测量槽宽
　　　　对工件两侧面的对称度

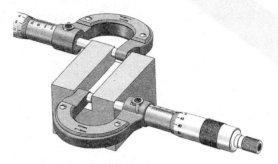

图 3-65　用外径千分尺测量槽宽对
　　　　工件两侧面的对称度

（3）用游标卡尺的深度尺测量槽深的尺寸应为 12.00～12.18 mm，测量方法如图 3-66 所示。测量时，应使尺身端面与测量基准面贴合，用手拉动尺框，使深度尺与槽底接触，测量时尺身应垂直于被测部位，不可歪斜。

（4）通过目测比对法进行表面粗糙度值的检验。

2. 质量分析

（1）直角通槽尺寸、对称度和表面粗糙度值超差的主要原因与用三面刃铣刀铣削台阶时相同。

（2）直角通槽侧面的平行度较差的原因除与台阶铣削相同外，还可能是当万能铣床工作台零位未对准时，用三面刃铣刀铣削而成的直角通槽两侧面呈现上宽下窄的形状而影响宽度尺寸和形状精度。

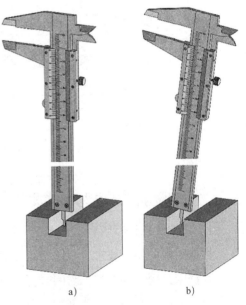

　　　　a)　　　　　　　　b)

图 3-66　用游标卡尺的深度尺测量槽深的尺寸
a）正确　b）错误

（3）要注意三面刃铣刀的轴向摆差，因为铣刀产生轴向摆差时，会把直角通槽的宽度铣大。

（4）在槽宽分几次铣准时，要注意三面刃铣刀单面铣削时的"让刀"现象。

（5）在铣削过程中，不能中途停止进给；铣刀在槽中旋转时，也不能退回工件。

铣削封闭式直角沟槽

一、训练任务

铣削如图 3-67 所示带槽压板的封闭式直角沟槽。毛坯材料为 45 钢，毛坯来源于前面技能训练已加工好的如图 2-62 所示的压板。

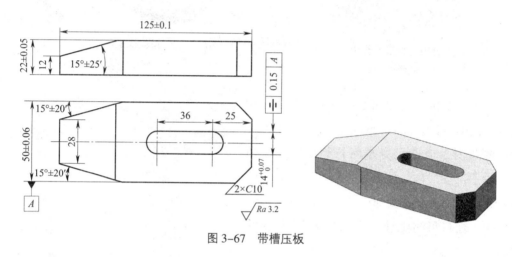

图 3-67 带槽压板

二、制定加工工艺与工艺准备

1. 制定加工工艺

根据图样的精度要求，封闭槽可在立式铣床上用立铣刀或键槽铣刀铣削加工。本任务在立式铣床上用立铣刀加工封闭式直角沟槽。加工工艺过程：检验预制件→安装、找正机用虎钳→工件表面划线→装夹和找正工件→安装麻花钻→按划线位置调整钻削落刀孔→安装立铣刀→按划线对刀调整铣削封闭式直角沟槽→检验封闭式直角沟槽。封闭槽的铣削过程如图 3-68 所示。

2. 工艺准备

（1）选择铣床

选用 X5032 型立式铣床。

（2）选择工件装夹方式

选用机用虎钳装夹工件。

（3）选择刀具

根据直角沟槽的宽度和工件厚度尺寸选择铣刀规格，现选用外径为 16 mm、齿数为 3 齿的标准立铣刀。

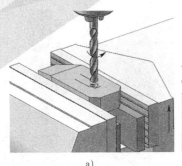 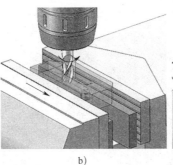 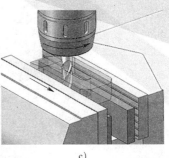

a)   b)   c)

图 3-68 封闭槽的铣削过程

a）钻落刀孔 b）分层铣削键槽 1 c）分层铣削键槽 2

（4）选择检测方法

1）直角沟槽的宽度、长度尺寸用 0 ~ 150 mm 的游标卡尺测量。

2）直角沟槽对工件宽度的对称度，用百分表借助标准平板进行测量，测量时采用工件翻身法进行对比测量，具体操作方法与台阶对称度测量相同。

三、封闭式直角沟槽的铣削加工

1. 加工准备

（1）检验预制件

1）检验工件宽度和长度实际尺寸，本任务宽度为 49.97 ~ 50.02 mm，长度为 124.92 ~ 125.07 mm。

2）检验预制件侧面与底平面的垂直度、两侧面的平行度。本任务长度方向侧面与底面的垂直度较好，可作为侧面定位基准。

（2）安装、找正机用虎钳

将机用虎钳安装在工作台上，并用百分表找正固定钳口定位面与工作台纵向平行。

（3）在工件表面划线

以工件侧面定位，将游标高度卡尺的划线量爪调整高度为 18 mm，用翻转法在工件上平面划出对称外形的槽宽参照线；将游标高度卡尺的划线量爪调整高度为 25 mm，划出封闭槽的参照线，如图 3-69 所示。

（4）装夹和找正工件

为了不妨碍立铣刀穿通，在工件下面应垫上两块较窄的平行垫铁，如图 3-70 所示，同时应使固定钳口与进给方向平行。工件上应预先划好线，包括落刀孔的参照线。

（5）安装麻花钻和铣刀

本任务采用直径 10 mm 的麻花钻钻落刀孔后，换用直径 14 mm 的立铣刀，安装后，要目测麻花钻和铣刀的跳动情况，也可用百分表测量铣刀安装后的径向圆跳动。

（6）选择铣削用量

按工件材料和铣刀的规格选择和调整铣削用量。因材料切削加工性适中，装夹稳固，

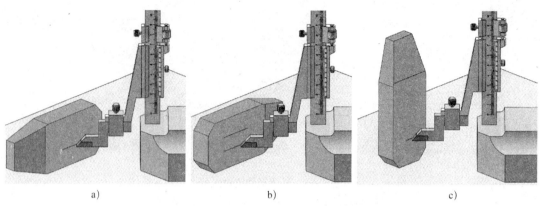

图 3-69　划封闭槽参照线

加工表面的表面粗糙度要求也不特别高，故调整主轴转速 n=300 r/min（v_c ≈ 15 m/min）；由于槽长 50 mm，工作台实际移动量为 36 mm，故一般都采用手动进给。

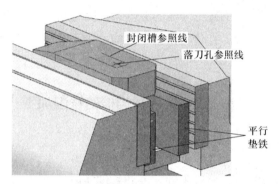

图 3-70　工件装夹与找正

2. 铣削加工

（1）麻花钻钻落刀孔

移动工作台对刀并根据工件上已划好的落刀孔参照线，使麻花钻顶尖位于划好的孔中心位置，垂向进给，钻落刀孔，直至钻穿工件，如图 3-71 所示。钻孔时可摇动主轴进给手轮控制进给。

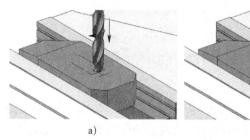
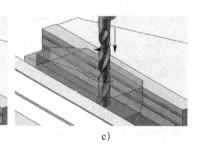

图 3-71　麻花钻钻落刀孔

（2）铣刀对刀

落刀孔钻成后，退出麻花钻，此时工作台位置不变，直接换上直径 14 mm 的立铣刀。此时立铣刀的位置就是钻落刀孔时的孔中心位置。

（3）铣削封闭槽并预检

1）铣削封闭槽时注意紧固工作台横向进给，防止工作台窜动。

2）摇动主轴进给手轮，使铣刀下降 1～2 mm，在落刀孔位置铣出一个圆柱孔（见图 3-72a），然后提起铣刀（见图 3-72b），并检测孔的左右位置在压板宽度方向的对称度（见图 3-72c），两边尺寸相差不能超过 0.15 mm。

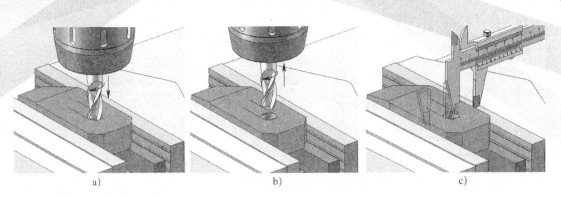

a)　　　　　　　　　　　b)　　　　　　　　　　　c)

图 3-72　铣削封闭槽并预检

3）重新开动铣床，沿铣刀轴向进给 11 mm 左右，然后做纵向进给进行第一层铣削，纵向进给长度为 36 mm。因压板零件高度为 22 mm，因此采用分层铣削，分两次完成，如图 3-73 所示。

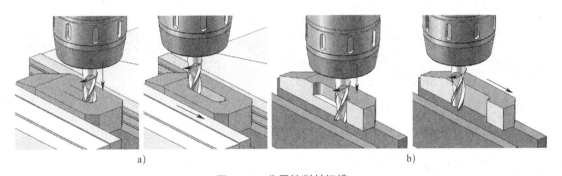

a)　　　　　　　　　　　　　　　　　　　　　b)

图 3-73　分层铣削封闭槽
a）第一次铣削　b）第二次铣削

四、封闭式直角沟槽的质量检测和质量分析

1. 质量检测

（1）用游标卡尺测量槽宽尺寸应为 14～14.07 mm。

（2）用游标卡尺测量封闭槽的长度尺寸 36 mm（实际测量两头圆弧的最大直径处）和纵向位置尺寸 25 mm（未注公差可按 GB/T 1804—2000 确定公差范围）。

（3）用游标卡尺测量封闭槽的对称度，槽两侧面至压板外侧的宽度差应在 0.15 mm 之内。

（4）通过目测比对法进行表面粗糙度值的检验。

2. 质量分析

（1）封闭槽宽度尺寸超差的主要原因可能有铣刀直径尺寸测量误差、铣刀安装后径向或轴向圆跳动过大等。

（2）封闭槽对称度超差的可能原因有钻落刀孔时对刀误差过大、铣削试切时测量误差过大、铣削时因进给量较大产生"让刀"、铣削时工作台横向未锁紧等。

（3）封闭槽的长度方向超差的可能原因主要是铣刀对刀误差过大或目测划线位置不准等。

课题三　轴上键槽的铣削

一、轴上键槽及其技术要求

1. 轴上键槽及其种类

键连接是通过键将轴与轴上零件（如齿轮、带轮、凸轮等）结合在一起，实现周向定位并传递转矩的连接。键连接常用的有平键连接、半圆键连接和花键连接。

在轴上安装平键的直角沟槽称为键槽，安装半圆键的槽称为半圆键槽。其两侧面的表面粗糙度值较小，都有极高的宽度尺寸精度要求和对称度要求。键槽有通槽、半通槽和封闭槽，如图 3-74 所示。通槽大多用盘形铣刀铣削，封闭槽多采用键槽铣刀铣削。

图 3-74　轴上键槽的种类

a）通槽　b）半通槽　c）尾端卧弧半通槽　d）封闭槽　e）半圆键槽

2. 轴上键槽的技术要求

（1）尺寸精度

轴上键槽在连接轴与轴上零件时，键槽的两侧面要与键配合，因此键槽的宽度尺寸要求一般较高，公差一般 ≤ 0.052 mm，而键槽深度因会影响到键在其中的高度位置，可能导致连接时强度不够，所以也会对其提出相对较高的要求；键槽的长度尺寸公差一般无过高要求，通常按一般未注公差来确定。

（2）几何精度

因键槽的两侧面与键相配合，因此键槽侧面有一定的平面度要求且两侧面应有一定的平行度要求；槽宽相对轴的轴线有对称度要求。

二、轴上键槽的质量检测

1. 槽宽的检测

键槽的宽度常用孔用极限量规检测，一般有塞规（见图 3-75a）和塞块（见图 3-75b），常用塞规。键槽以塞规或塞块的"通端通、止端止"为合格。

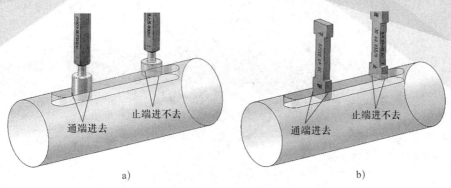

图 3-75　孔用极限量规检测轴上键槽槽宽

a）塞规　b）塞块

当需要测出键槽宽度的确切值时，可用内测千分尺测量，如图 3-76 所示。测量时左手拿内测千分尺顶端，右手转动微分筒，使两个测量爪测量面之间的距离略小于槽宽尺寸放入槽中，以一个测量爪为支点，另一个测量爪做少量转动，找出最小点，然后使用测力装置直至发出响声，便可直接读数，若要取出后读数，先将锁紧装置旋紧后取出读数。

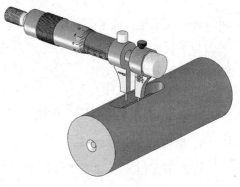

图 3-76　内测千分尺测量轴上键槽槽宽

2. 槽深的检测

键槽深度可以用游标卡尺或者千分尺测量。游标卡尺测量时由于测量爪无法接触到键槽底部，一般常用量块配合进行间接测量，如图 3-77a 所示；千分尺测量时可直接测量，如图 3-77b 所示，由于此方法比较方便，因此生产中常用此法；若在检测时键槽宽度小于千分尺测砧直径，也可采用量块配合间接测量，如图 3-77c 所示。

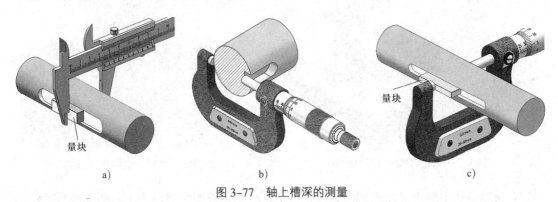

图 3-77　轴上槽深的测量

3. 槽长的检测

键槽长度一般不标注公差要求，按未注公差要求进行检测，因此常用游标卡尺测量，方法如图 3-78 所示。

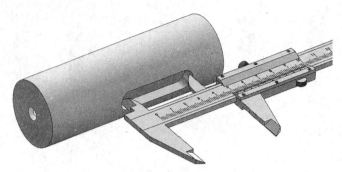

图 3-78　轴上键槽长度的测量

4. 槽的对称度的检测

将一块厚度与键槽宽度尺寸相同的平行塞块塞入键槽内，用百分表校正塞块的 A 平面与平板或工作台面平行并记下百分表读数。将工件转过 180°，再用百分表校正塞块的 B 平面与平板或工作台面平行并记下百分表读数，如图 3-79 所示。两次读数的差值，即为键槽的对称度误差。

三、轴类工件的装夹方法

1. 用机用虎钳装夹

用机用虎钳装夹轴类工件简便、稳固，但当工件直径发生变化时，工件轴线在左右（水平位置）和上下（垂直位置）方向都会产生移动，如图 3-80 所示。在采用定距切削时，会影响键槽的深度尺寸和对称度。此法常用于单件生产。若想成批地在机用虎钳上装夹工件铣键槽，必须是直径误差很小的、经过精加工的工件。

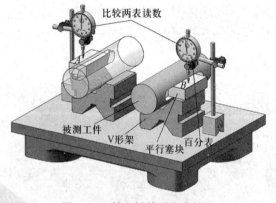

图 3-79　轴上键槽对称度检测

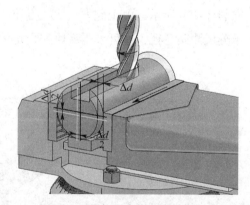

图 3-80　用机用虎钳装夹轴类工件

在机用虎钳上装夹工件铣键槽，需要校正钳体的定位面，以保证工件的轴线与工作台进给方向平行，同时与工作台面平行。

2. 用 V 形钳口铁装夹

如图 3-81a 所示，把机用虎钳固定钳口铁改制为 V 形钳口铁，如图 3-81b 所示，把机用虎钳固定钳口铁和活动钳口铁都改制为 V 形钳口铁，适用于装夹中小短轴。当工件直径有变化时，工件中心在钳口铁内也随之变动，影响键槽的对称度和深度尺寸。

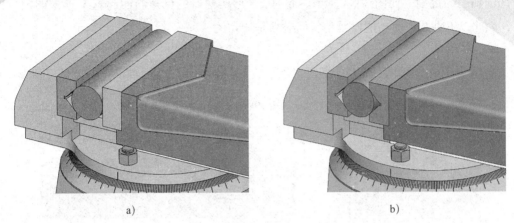

图 3-81　用 V 形钳口铁装夹轴类工件

a）单 V 形钳口铁　b）双 V 形钳口铁

该方法装夹简便、稳固，适用于小批生产。若轴的外圆已精加工过，也可用此装夹方法进行批量生产。

3. V 形架的使用

把圆柱形工件置于 V 形架内，并用压板进行紧固的装夹方法是铣削轴上键槽常用的、比较精确的定位方法之一，如图 3-82 所示。

该方法使工件的轴线只能沿 V 形的角平分面上下移动变化，虽然会影响键槽的深度尺寸，但能保证其对称度不发生变化，因此适宜大批加工场合。在 V 形架上，当一批工件的直径因加工误差而发生变化时，虽然会对键槽的深度有影响，但变化量一般不会超过槽深的尺寸公差。

若工件的长度较长时，可用两个 V 形架装夹，这两个 V 形架最好是成对制造并刻有标记的，如图 3-83 所示。

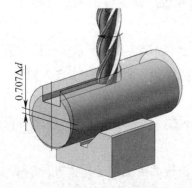

图 3-82　用 V 形架装夹轴类工件

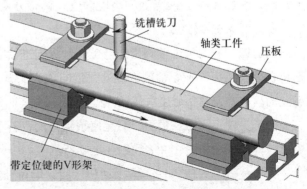

图 3-83　双 V 形架装夹轴类工件

4. 在工作台上直接装夹

直径为 20 ~ 60 mm 的长轴工件，可将其直接放在工作台中央 T 形槽上，用压板夹紧后铣削轴上的键槽，如图 3-84 所示。此时，T 形槽槽口的倒角斜面起着 V 形槽的定位作用，因此，工件圆柱面与槽口倒角斜面必须是相切的。

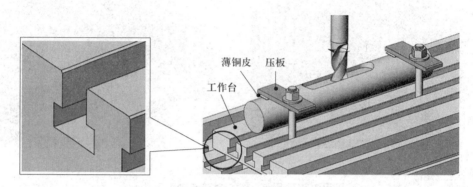

薄铜皮　压板
工作台

图 3-84　在工作台中央 T 形槽上装夹长轴工件

若铣长轴上的通槽或半通槽，其深度可一次铣成。铣削时，由工件端部先铣入一段长度后停车，将压板压在铣成的槽部，之间垫薄铜皮后夹紧。观察铣刀碰不着压板，再继续铣削。

5. 用万能分度头及附件装夹

用万能分度头及附件装夹工件的方法很多，每种方法适用的场合与特点各不相同。下面介绍几种常见的装夹及校正的方法。

（1）用两顶尖装夹工件

两顶尖装夹工件一般用于两端带中心孔的轴类零件的精加工，工件与主轴的同轴度较高。

如图 3-85 所示，装夹工件前，应先校正分度头和尾座。校正时，取锥柄心轴插入主轴锥孔内，用百分表校正心轴 a 点处的圆跳动，如图 3-85a 所示。符合要求后，再校正 a 和 a′ 点处的高度误差。校正方法是摇动工作台做纵向或横向移动，使百分表通过心轴的上素线，测出 a 和 a′ 两点处的高度误差，调整分度头主轴角度，使 a 和 a′ 两点处高度一致，则分度头主轴轴线平行于工作台面。

然后校正分度头主轴侧素线与工作台纵向进给方向平行，如图 3-85b 所示。校正方法是将百分表测头置于心轴侧素线处并指向轴心，纵向移动工作台，测出百分表在 b 和 b′ 点处的读数差，调整分度头使两点处读数一致。

分度头校正完毕。最后，对尾座顶尖检测，若不符合要求，则需校正尾座，使之符合要求，校正方法如图 3-85c 和图 3-85d 所示。

为避免铣削力使工件产生振动和弯曲，应在轴的切削位置的下面用千斤顶进行支承，如图 3-86 所示。

图 3-85 用两顶尖装夹工件前分度头和尾座的校正

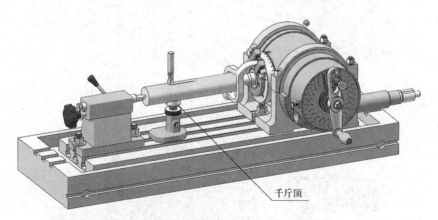

图 3-86 两顶尖装夹细长轴时用千斤顶辅助支承

（2）用三爪自定心卡盘装夹工件

加工较短的轴、套类零件，可直接用三爪自定心卡盘装夹，如图 3-87 所示，用百分表校正工件外圆，当外圆的圆度较差时可在卡爪上垫铜皮，使外圆跳动符合要求。用百分表校正端面时，用铜锤轻轻敲击高点，使轴向跳动符合要求。这种方法装夹简便，铣削平稳。

（3）用心轴装夹工件

心轴主要用于套类及有孔盘类零件的装夹。心轴有锥度心轴和圆柱心轴两种。装夹前应先校正心轴轴线与分度头主轴轴

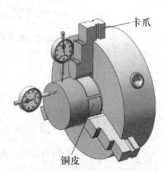

图 3-87 用三爪自定心卡盘装夹工件

线的同轴度，并校正心轴的上素线和侧素线与工作台面和工作台纵向进给平行。图 3-88 所示为用圆柱心轴装夹工件的三种形式。

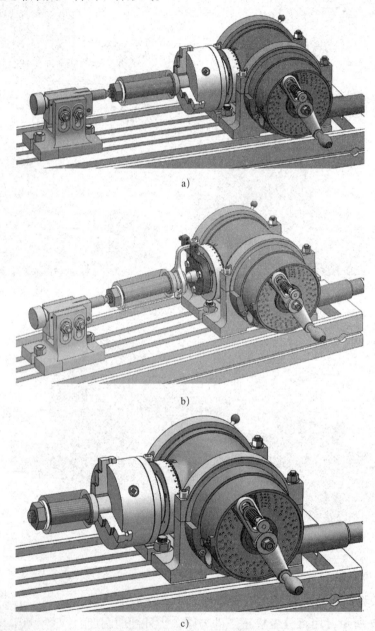

图 3-88　用圆柱心轴装夹工件

a）用心轴、一夹一顶装夹　b）用心轴和两顶尖装夹　c）用心轴、三爪自定心卡盘装夹

（4）用一夹一顶装夹工件

一夹一顶装夹用于一端有中心孔的较长轴类工件的加工，如图 3-89 所示，此法铣削时刚度较好，适合装夹切削力较大且精度要求不高的工件。但校正工件与主轴同轴度较困难，装夹工件前，应先校正分度头和尾座。

图 3-89　用一夹一顶装夹工件

四、铣刀位置的调整（对刀方法）

铣削键槽时，铣刀与工件相对位置的调整是保证键槽对称度的关键。常用的对刀方法如下。

1. 按切痕调整对中心

这种方法使用简便，是最常用的对刀方法，此法的对刀准确度取决于操作者的技术水平和目测的准确度，因此这种方法对中心的准确性不高。

（1）三面刃铣刀按切痕对中心

三面刃铣刀按切痕对中心时，先让旋转的铣刀接近工件的上表面（见图 3-90a），通过横向进给，铣刀在工件表面铣出一个椭圆形的切痕（见图 3-90b、c）。然后，横向移动工作台，将铣刀宽度目测调整到椭圆的中心位置（见图 3-90d），完成铣刀对中心。

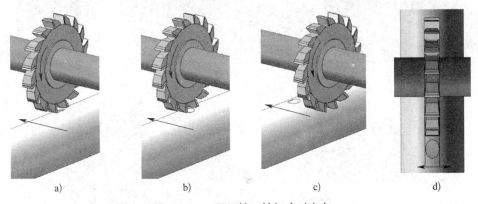

a)　　　　　　　　b)　　　　　　　　c)　　　　　　　　d)

图 3-90　三面刃铣刀按切痕对中心

（2）键槽铣刀按切痕对中心

用键槽铣刀按切痕对中心的原理和方法与三面刃铣刀按切痕对中心相同，只是键槽铣刀铣出的切痕是个矩形小平面，如图 3-91 所示。铣刀对中心时，将旋转的铣刀调整到小平面的中间位置（见图 3-91c）。

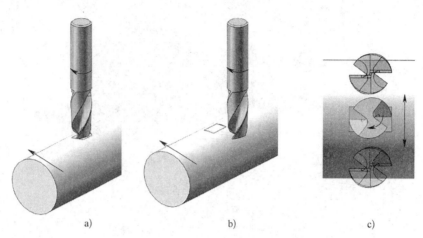

图 3-91 键槽铣刀按切痕对中心

2. 划线对刀法

先用千分尺测量轴的直径（见图 3-92a），然后用游标高度卡尺找工件中心高度（见图 3-92b、c），再使游标高度卡尺的刀口偏离工件中心约 1/2 槽宽尺寸 $\left(\dfrac{1}{2}b\right)$，并在工件上划出一条线（见图 3-92d），利用分度头把工件转过 180°，同样的方法在另一侧再划出一条线（见图 3-92e）。然后将工件转过 90°，使划线处位于工件上方，调整工作台，使铣刀处在两条线的中间即可。

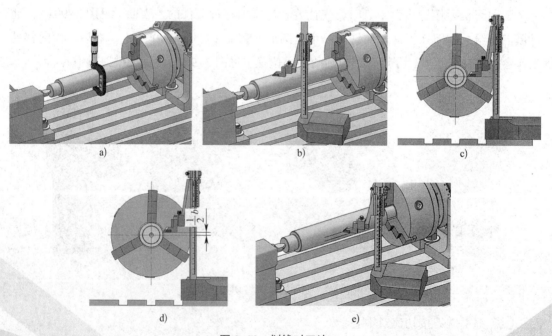

图 3-92 划线对刀法

3. 擦侧面对刀法

这种方法对中心的精度较高。调整时，先在直径为 D 的轴上贴一张厚度为 δ 的薄纸。将宽度为 L 的盘形铣刀（见图 3-93a）或直径为 d 的键槽铣刀（见图 3-93b）逐渐靠向工件，当回转的铣刀切削刃擦到薄纸后，垂直降下工作台，将工作台横向移动一个距离 A，实现对中心。

使用盘形铣刀时：$A=\dfrac{D+L}{2}+\delta$，使用键槽铣刀时：$A=\dfrac{D+d}{2}+\delta$。

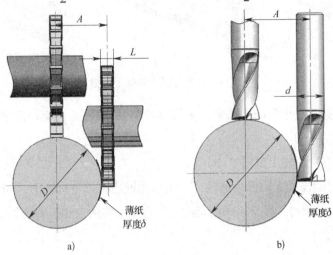

图 3-93　擦侧面对刀法

a）用盘形铣刀　b）用键槽铣刀

五、轴上键槽的铣削方法

1. 用盘形铣刀铣削轴上键槽

轴上键槽为通槽或一端为圆弧形的半通槽，一般都采用三面刃铣刀或盘形槽铣刀进行铣削，如图 3-94、图 3-95 所示。

按照键槽的宽度尺寸选择盘形铣刀的宽度。工件装夹完毕并调整铣刀对中心后进行铣削（见图 3-95a）。将旋转的铣刀主切削刃与工件圆柱表面（上素线）接触时，纵向退出

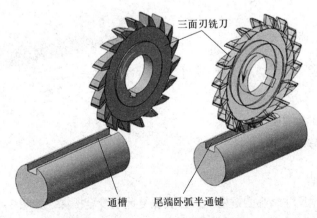

图 3-94　三面刃铣刀铣轴上键槽

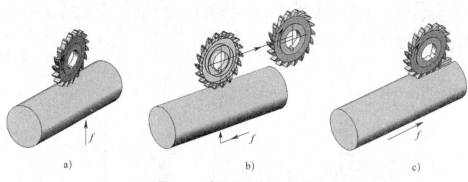

图 3-95 盘形铣刀铣轴上键槽

工件，按键槽深度将工作台向上调整（见图 3-95b）。然后，将横向进给机构锁紧，开始铣削键槽（见图 3-95c）。

2. 用键槽铣刀铣削轴上键槽

轴上键槽为封闭槽或立圆弧半通槽，一般采用键槽铣刀进行铣削，如图 3-96 所示。使用键槽铣刀铣轴上键槽时，经常采用的铣削方法有分层铣削法和扩刀铣削法两种。

（1）分层铣削法

铣削时，每次的铣削深度 a_p 约为 0.5～1 mm，手动进给由键槽的一端铣向另一端。然后吃深，重复铣削。铣削时应注意键槽两端要各留长度方向余量 0.2～0.5 mm。在逐次铣削达到键槽深度后，最后铣去两端的余量，使其符合长度要求，如图 3-97 所示。此法主要适用于长度尺寸较短、生产数量不多的键槽的铣削。

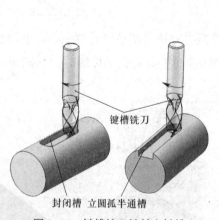

图 3-96 键槽铣刀铣轴上键槽

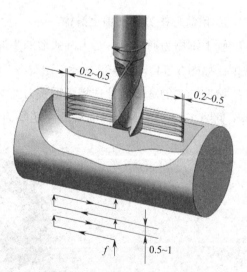

图 3-97 分层铣削轴上键槽

（2）扩刀铣削法

先用直径比槽宽尺寸略小的键槽铣刀分层往复地粗铣至槽深，如图 3-98 所示。槽深留余量 0.1～0.3 mm，槽长两端各留余量 0.2～0.5 mm。再用符合键槽宽度尺寸的键槽铣刀进行精铣。

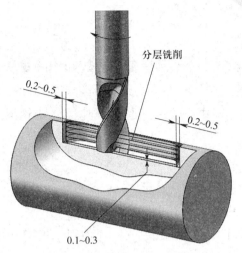

图 3-98 扩刀铣削轴上键槽

铣削轴上封闭槽

一、训练任务

铣削如图 3-99 所示轴上的封闭槽。毛坯材料为 45 钢，毛坯来源为预制件。

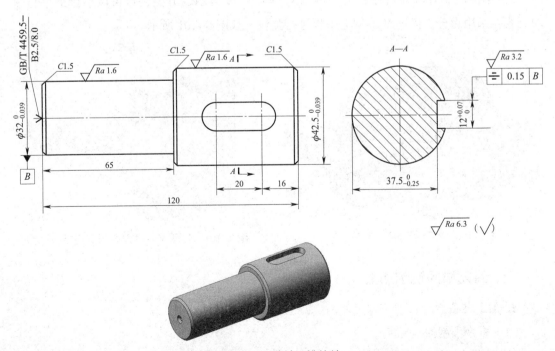

图 3-99 带封闭槽的轴

二、制定加工工艺与工艺准备

1. 制定加工工艺

根据图样的精度要求，本任务可选择在立式铣床上用键槽铣刀进行铣削加工。封闭槽的加工工艺过程为：检验预制件→安装、找正万能分度头→划线→装夹和找正工件→安装、找正键槽铣刀→对刀（对中、槽深、键槽轴向位置）→铣削键槽→检验封闭槽。

2. 工艺准备

（1）选择铣床

选用 X5032 型立式铣床或万能摇臂铣床。

（2）选择工件装夹方式

考虑到是台阶轴，若采用机用虎钳装夹，应使用 V 形钳口铁或需要用千斤顶辅助支承。故本任务选用万能分度头装夹工件，方便快捷，如图 3-100 所示。

（3）选择刀具

根据键槽的宽度尺寸 $12^{+0.07}_{0}$ mm 选择铣刀规格，现选用外径为 12 mm 的标准键槽铣刀。铣刀的直径应用外径千分尺进行测量，考虑到铣刀安装后的径向圆跳动误差对键槽宽度的影响，铣刀的直径应为 12.00～12.03 mm。

（4）选择检测方法

1）键槽的宽度尺寸用 0～25 mm 的内径千分尺或塞规测量，深度尺寸可用千分尺测量，长度尺寸用游标卡尺测量。

2）键槽对工件轴线对称度检测可以采用图 3-79 所示的方法，也可以不借助平行塞块，直接采用百分表借助 V 形架与平板进行测量，如图 3-101 所示。

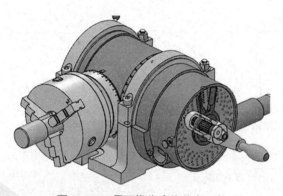

图 3-100　用万能分度头装夹工件

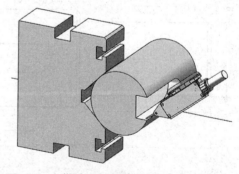

图 3-101　借助 V 形架与平板测量键槽对称度

三、封闭槽的铣削加工

1. 加工准备

（1）检验预制件

检验工件外径和长度实际尺寸，本任务工件外径为 32.00～32.02 mm 与 42.01～42.02 mm，长度尺寸为 120.10 ~ 120.15 mm 与 65.15 ~ 65.20 mm。

（2）安装、找正万能分度头

将分度头安装在工作台上，用百分表、标准量棒检测分度头中心与纵向的平行度。

（3）在工件表面划线

以工件上 ϕ 42 mm 圆柱面的端面定位，将游标高度卡尺的划线量爪调整高度分别设置为 10 mm、42 mm，在工件圆柱面上划出键槽两端的位置参照线，如图 3-102 所示。

（4）装夹和找正工件

工件装夹在分度头中，用百分表复核工件的上素线、水平素线与工作台面平行，如图 3-103 所示。

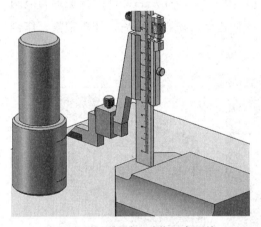

图 3-102 划键槽两端位置参照线

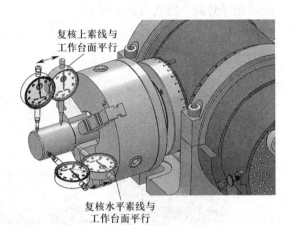

复核上素线与工作台面平行

复核水平素线与工作台面平行

图 3-103 装夹和找正工件

（5）安装铣刀

选择采用弹簧夹头来装夹键槽铣刀，具体方法参见第一单元图 1-60。

铣刀安装后，为达到键槽槽宽尺寸精度要求，必须用百分表测量铣刀径向圆跳动在 0.02 mm 以内，测量方法如图 3-104 所示。测量时，先将主轴转速调至较高的挡位（如 750 r/min），此时用手扳动主轴能比较轻快。安全起见，应将主轴正反转开关转换至"停止"位。随后使百分表测头与铣刀端部的圆周刃接触，用手缓慢地逆时针方向转动主轴，若发现铣刀的径向圆跳动过大，可将铣夹头螺母松开，将铣刀转过一个角度，重新夹紧再找正。若此法不能达到要求，可在主轴锥孔与夹头锥柄之间对准刃齿偏差大的部位垫薄纸片进行找正。

（6）选择铣削用量

按工件材料、表面粗糙度要求和键槽铣刀的直径

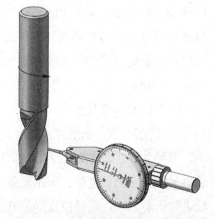

图 3-104 测量键槽铣刀的径向圆跳动

尺寸选择和调整铣削用量，现调整主轴转速 n=475 r/min（$v_c \approx 17.9$ mm/min），铣削速度 v_f=23.5 mm/min（$f_z \approx 0.025$ mm/z）。

2. 铣削加工

（1）对刀

1）垂向槽深对刀时，调整工作台，使铣刀处于铣削位置上方。开动机床，使铣刀端面刃齿恰好擦到工件外圆最高点，在垂向刻度盘上做记号，作为槽深尺寸调整起点刻度。

2）横向对称位置对刀时，先使铣刀大概处于键槽划线长度中间位置，然后锁紧工作台纵向进给，垂向上升适当尺寸（通过目测切痕大小确定），横向往复移动工作台，在工件表面铣削出略大于铣刀宽度的矩形刀痕（见图3-105a），目测使铣刀处于切痕中间，垂向再微量升高，使铣刀铣出圆形对刀浅痕（见图3-105b），停车后目测浅痕与矩形刀痕两边的距离是否相等，若有偏差，则再调整工作台横向进给。调整结束后，注意锁紧工作台横向进给。

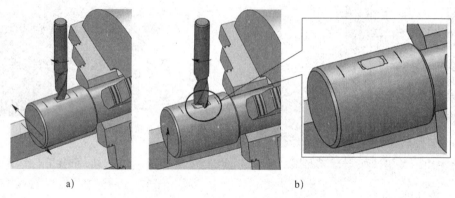

a)　　　　　　　　　　　　　　　b)

图 3-105　键槽铣刀切痕对刀法

a）铣出矩形刀痕　b）铣出圆形对刀浅痕

3）纵向槽长对刀时，先垂向退刀，用游标卡尺测量工件端面与切痕侧面的实际尺寸，若测得尺寸为20.5 mm（见图3-106a），此时松开工作台纵向进给，使铣刀向工件大端纵向移动（20.5-10）mm=10.5 mm，直至铣刀处于键槽起点位置，在此处做好刻度盘记号，目测铣刀刀尖的回转圆弧与工件表面的槽长划线相切（见图3-106b）。反向调整工作台纵向位置，使铣刀刀尖的回转圆弧与另一划线相切，在纵向刻度盘做好铣削终点的刻度记号（见图3-106c）。

（2）铣削键槽并预检

1）铣削键槽。铣削时，纵向移动工作台，将铣刀处于键槽起始位置上方。锁紧纵向进给，垂向手动进给使铣刀缓缓切入工件，槽深垂向进给尺寸为（42.01-37.37）mm=4.64 mm。然后采用纵向机动进给，铣削至纵向刻度盘键槽长度终点记号前，停止机动进给，改用手动进给铣削至终点记号位置增加0.1 mm，停机后垂向下降工作台。

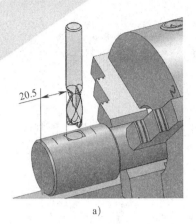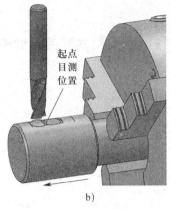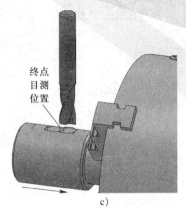

图 3-106 纵向槽长对刀方法

2）预检键槽宽度、长度和深度。键槽宽度采用游标卡尺或内测千分尺进行测量，长度用游标卡尺测量。由于键槽宽度大于千分尺测量杆直径，因此键槽深度的测量采用图 3-77b 所示的方法，又由于键槽所在位置轴径为 42 mm，键槽深度尺寸为 37.5 mm，因此选择 25~50 mm 规格的千分尺进行测量。预检后，按图样要求根据预检尺寸进行修正。

四、封闭槽的质量检测和质量分析

1. 质量检测

（1）尺寸检测

键槽宽度尺寸应为 12.00~12.07 mm，槽深即槽底至工件外圆表面的尺寸应为 37.25~37.50 mm，长度尺寸应为 31.80~32.20 mm。

（2）对称度测量

测量对称度时，百分表的示值误差应在 0.15 mm 内。

（3）表面粗糙度检测

本任务中，键槽铣刀在铣削键槽时，槽侧面由周铣法铣成，而槽底面则由端铣法铣成，因此在进行表面粗糙度对比时要注意选择对应的表面粗糙度比较样块。

2. 质量分析

（1）键槽宽度尺寸超差的主要原因可能有铣刀直径尺寸测量误差、铣刀安装后径向或轴向圆跳动过大、铣刀端部圆周刃刃磨质量差或早期磨损等。

（2）键槽对称度超差的可能原因包括：目测切痕对刀误差过大、铣削时因进给量较大产生"让刀"、铣削时工作台横向进给未锁紧等。

（3）键槽端部出现较大圆弧的可能原因包括：铣刀转速过低、垂向手动进给速度过快等。

（4）键槽深度超差的可能原因包括：铣刀夹持不牢固，铣削时被拉下；垂向调整尺寸计算或操作失误。

铣削轴上尾端卧弧半通槽

一、训练任务

铣削如图 3-107 所示轴上的尾端卧弧半通槽。毛坯材料为 45 钢，毛坯来源为预制件。

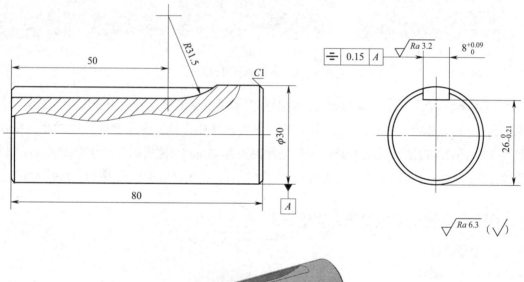

图 3-107　尾端卧弧半通槽轴

二、制定加工工艺与工艺准备

1. 制定加工工艺

根据图样的精度要求和键槽端部的收尾形式，本任务宜在卧式铣床上用三面刃铣刀铣削加工。半通槽加工工艺过程：检验预制件→安装、找正轴用虎钳（或机用虎钳）→划线→装夹和找正工件→安装三面刃铣刀→对刀（对中、槽深、槽长）→铣削键槽→检验半通槽。

2. 工艺准备

（1）选择铣床

选用 X6132 型卧式万能铣床。

（2）选择工件装夹方式

最好采用图3-108所示轴用虎钳，若采用机用虎钳装夹，应使用V形钳口铁。本任务选用机用虎钳使用V形钳口铁装夹工件。

（3）选择刀具

根据直角沟槽的宽度尺寸$8_0^{+0.09}$ mm和端部收尾形式及弧半径尺寸31.5 mm选择铣刀规格，因槽宽精度要求不高，现选用外径为63 mm、宽度为8 mm、孔径为22 mm、铣刀齿数为14的标准直齿三面刃铣刀。铣刀

图3-108　轴用虎钳

的宽度应用外径千分尺进行测量，考虑图样槽宽尺寸的公差和铣刀安装后的轴向圆跳动误差，铣刀的宽度应为8.00~8.05 mm。

（4）选择检测方法

1）键槽的宽度用5~30 mm的内测千分尺或塞规测量，深度和有效长度尺寸用游标卡尺测量。

2）键槽对工件轴线的对称度，在标准平板上，用百分表借助V形架测量，测量时采用V形架翻身法进行对比测量，具体操作方法与台阶对称度测量相似。

三、半通槽的铣削加工

1. 加工准备

（1）检验预制件

检验工件外径和长度实际尺寸，本任务工件外径为30.05 mm，长度尺寸为80.12 mm。

（2）安装、找正机用虎钳

将机用虎钳安装在工作台上，换装V形钳口铁。安装时，应注意各接触面的清洁度，去除表面毛刺，然后略旋紧紧固螺钉，将标准量棒夹持在V形钳口铁内，用百分表找正标准量棒的上素线与工作台面平行，随后旋紧紧固螺钉，并找正钳口定位面与工作台纵向平行。

（3）在工件表面划线

以工件端面定位，将游标高度卡尺的划线量爪调整高度为50 mm，在工件表面上划出键槽有效长度参照线，如图3-109所示。

（4）装夹和找正工件

工件装夹在V形钳口铁中，应注意上方外露的圆柱面具有2倍槽宽的尺寸，以便铣削对刀，如图3-110所示。

（5）安装铣刀

采用直径22 mm的铣刀杆安装铣刀。安装后，用百分表测量安装后的铣刀轴向圆跳动。

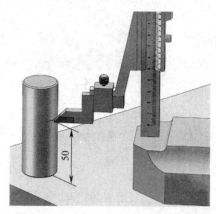

图 3-109　工件表面划键槽有效长度参照线

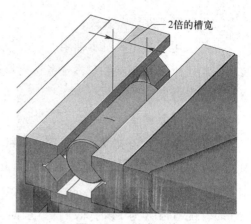

图 3-110　装夹工件

（6）选择铣削用量

按工件材料和铣刀的规格选择和调整铣削用量，因材料强度、硬度都不高，装夹比较稳固，加工表面的表面粗糙度要求也不高，故调整主轴转速 n=95 r/min（ $v_c \approx 18$ m/min），铣削速度 v_f=47.5 mm/min（ $f_z \approx 0.036$ mm/z）。

2. 铣削加工

（1）对刀

1）垂向槽深对刀时，调整工作台，使铣刀处于铣削位置上方。开动机床，使铣刀圆周刃恰好擦到工件外圆最高点，在垂向刻度盘上做记号，作为槽深尺寸调整起点刻度，如图 3-111 所示。

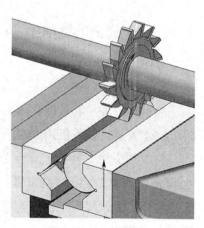

图 3-111　垂向对刀

2）横向对中对刀时，往复横向移动工作台，在工件表面铣削出略大于铣刀宽度的椭圆形刀痕，如图 3-112a 所示。通过目测使铣刀处于切痕中间，垂向再微量升高，使铣刀铣出浅痕，如图 3-112b 所示，停车后目测浅痕与椭圆刀痕两边的距离是否相等，若有偏差，则再调整工作台横向位置。调整结束后，注意锁紧工作台横向进给。

3）纵向槽长对刀时，垂向退刀，纵向移动工作台，使铣刀中心大致处于 50 mm 槽长划线的上方（见图 3-113a），垂向上升工作台，在工件表面切出刀痕（见图 3-113b），停机后目测划线是否在切痕中间（见图 3-113c），若有偏差，再调整工作台纵向位置，调整完毕，在纵向刻度盘上做好铣削终点的刻度记号。

此时，应注意工作台的移动方向与铣削进给方向一致，还应调整好机动进给限位挡铁，调整的要求是：在工作台进给停止后，刻度盘位置至终点刻度记号还应留有 1 mm 左右的距离，以便通过手动进给较准确地控制键槽的有效长度尺寸。

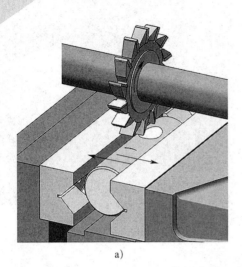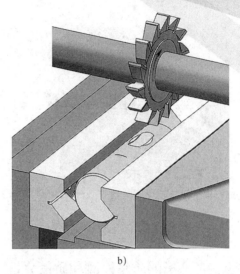

a)   b)

图 3-112 横向切痕法对刀

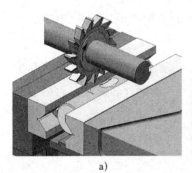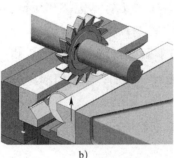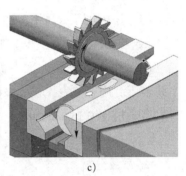

a)   b)   c)

图 3-113 纵向槽长对刀

4）纵向退刀后，垂向按对刀记号上升（30.05-25.90）mm=4.15 mm，如图 3-114 所示。

（2）铣削并预检键槽

1）铣削时，应先采用手动进给使铣刀缓缓切入工件，当感觉铣削平稳后再采用机动进给。在铣削至纵向刻度盘记号之前，机动进给自动停止，改用手动进给铣削至刻度盘终点记号位置。

2）预检槽宽尺寸用塞规和内测千分尺。采用塞规测量时，应选用与槽宽尺寸公差等级相同的塞规，以通端能塞进、止端不能塞进为合格。

3）测量槽深尺寸，可用游标卡尺直接测量槽底至圆柱下素线的尺寸，测量方法如图 3-115 所示。

4）键槽的长度尺寸可用钢直尺或游标卡尺直接量出。

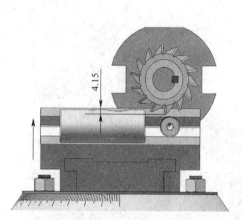

图 3-114　垂向进给

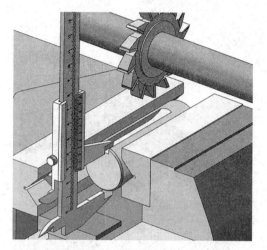

图 3-115　加工中测量槽深

四、半通槽的质量检测和质量分析

1. 质量检测

（1）用内测千分尺测量槽宽尺寸应为 8.00～8.09 mm。槽深即槽底至工件外圆的尺寸，应为 25.79～26.00 mm。其测量方法与预检相同。

（2）用百分表在标准平板上测量键槽对称度时，将工件装夹在对称两侧面的专用 V 形架上，用百分表找正工件键槽一侧面，然后用翻身法对另一侧面比较测量，百分表的示值误差应在 0.15 mm 内。

（3）通过目测比对法进行表面粗糙度的检验。

2. 质量分析

（1）键槽宽度尺寸超差的主要原因可能有铣刀宽度尺寸测量误差、铣刀安装后轴向圆跳动过大或铣刀早期磨损等。

（2）键槽槽底与轴线不平行的原因可能有工件圆柱面上素线与工作台面不平行，V 形钳口铁安装误差过大等。

（3）键槽对称度超差的原因可能有目测切痕对刀误差过大、铣削时产生"让刀"、铣削时工作台横向进给未锁紧等。

第四单元
切断和特形沟槽的铣削

📖 **学习目标**

1. 能描述工件切断的工艺方法。
2. 能选择合适的铣刀并安装。
3. 能正确装夹、校正并切断工件。
4. 能描述窄槽、V 形槽和 T 形槽的技术要求和加工方法。
5. 能制定窄槽、V 形槽和 T 形槽的加工工艺并进行加工。
6. 能对加工后的窄槽、V 形槽和 T 形槽正确检测并进行质量分析。

课题一　切断和铣窄槽

一、锯片铣刀

1. 锯片铣刀简介

在铣床上经常使用锯片铣刀铣窄槽或切断工件。锯片铣刀的刀齿有粗齿、中齿和细齿之分。粗齿锯片铣刀的齿数少，齿槽的容屑量大，主要用于切断工件。细齿锯片铣刀的齿数多，齿更细，排列更密，但齿槽的容屑量小。中齿和细齿锯片铣刀适用于切断较薄的工件，也常用于铣窄槽。

用锯片铣刀切断时，主要选择锯片铣刀的直径和宽度。在能够将工件切断的前提下，尽量选择直径较小的锯片铣刀。铣刀直径 D 由铣刀杆直径 d 和工件切断厚度 t 确定：

$$D > d + 2t$$

用于切断的铣刀的宽度应按其直径选用。铣刀直径大，铣刀的宽度选大一些；反之，铣刀直径小，则铣刀的宽度就选小一些。

2. 锯片铣刀的安装

锯片铣刀的直径大而宽度小，刚度较差，强度较低，切断深度大，受力就大，铣刀容易折断。因此，安装锯片铣刀时应格外注意。

（1）安装锯片铣刀时，不要在铣刀杆与铣刀间装键。铣刀紧固后，依靠刀杆垫圈与铣刀两侧端面间的摩擦力带动铣刀旋转。若有必要，在靠近紧刀螺母的垫圈内装键，可有效防止铣刀松动，又可避免铣刀被挤碎，如图4-1所示。

（2）安装大直径锯片铣刀时，应在铣刀两端面采用大直径的垫圈，以增大其刚度和摩擦力，使铣刀工作更加平稳，如图4-1所示。

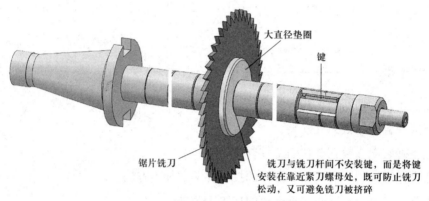

图4-1　锯片铣刀的安装与防松

（3）为增强铣刀杆的刚度，锯片铣刀的安装应尽量靠近主轴端部或刀杆支架。

（4）锯片铣刀安装后，应保证刀齿的径向圆跳动和轴向圆跳动量不超过规定的范围。

二、工件的装夹

工件的装夹必须牢固可靠，在切断工作中经常会因为工件的松动而使铣刀折断（俗称"打刀"）或工件报废，甚至发生安全事故。切断或切槽常用机用虎钳、压板或专用夹具等对工件进行装夹，具体见表4-1。

表4-1　　　　　　　　　　　　工件的装夹

内容		简图	说明
用机用虎钳装夹工件	装夹小型工件		小型工件经常在机用虎钳上装夹。其固定钳口一般与主轴轴线平行，切削力应朝向固定钳口。工件伸出的长度要尽量短些，以铣刀不会铣伤钳口为宜。这样，可以充分增加工件的装夹刚度，并减少切削中的振动

续表

内容	简图	说明
用机用虎钳装夹工件 · 装夹短工件	钳口受力不均匀 加装相同尺寸的垫铁 v_f	在机用虎钳上装夹短工件时通常应在工件后面加装一个相同尺寸的垫铁，使钳口受力均匀
用机用虎钳装夹工件 · 夹紧力方向	装夹正确，不易夹刀　装夹错误，易夹刀 v_f　v_f	用机用虎钳装夹工件，无论是切断还是切槽，工件在钳口上的夹紧力方向应平行于进给方向，以避免工件夹刀
用压板装夹工件	v_f	加工大型工件时，多采用压板装夹工件，压板的压紧点应尽可能靠近铣刀的切削位置，并校正定位靠铁与主轴轴线平行（或垂直）。工件的切缝应选在 T 形槽上方，以免铣伤工作台面。切断薄而细长的工件时多采用顺铣，可使切削力朝向工作台面，不需要太大的夹紧力

三、切断

工件在切断或切槽时应尽量采用手动进给，进给速度要均匀。若采用机动进给，铣刀

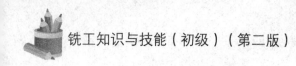

切入或切出还需要手动进给，进给速度不宜太快，并将不使用的进给机构锁紧。切削钢件时应充分浇注切削液。工件的切断方法见表 4-2。

表 4-2　　　　　　　　　　工件的切断方法

内容	简图	说明
铣刀位置	正确　　　　　　错误	切断工件时，为防止铣刀将工件抬起引起"打刀"，应尽量使铣刀圆周刃刚好与工件底面相切，或稍高于底面，即铣刀刚刚切透工件即可
切断薄片		切断薄片时，一次装夹可逐次切出几件工件。切断工件之前，将工作台按其位移量 A 横向移动一段切削距离并锁紧横向进给机构。工作台位移量 A 等于铣刀宽度 L 与工件厚度 B 之和，即 $A=L+B$
切断厚块	5~10	切断厚块时，一次装夹只切下一件工件。铣刀的切削位置距离机用虎钳钳口不可太远，又不能太近，以免铣伤机用虎钳。切断前，先将条料端部多伸出一些，一般为 5～10 mm，使铣刀能划着工件，再将工作台按其位移量 A 伸出，$A=L+B$

压板的切断

一、训练任务

切断如图 4-2 所示的压板坯料。坯料为 45 钢热轧板，坯料尺寸为 215 mm × 290 mm × 25 mm，切断后件数为 25。

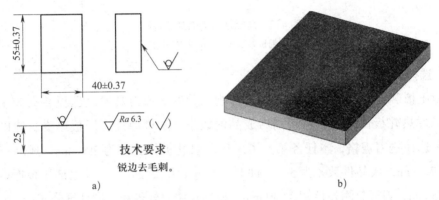

a)　　　　　　　　　　　　　　　　　　b)

图 4-2　压板坯料

a）压板下料工件　b）轧制钢板坯料

二、制定加工工艺与工艺准备

1. 制定加工工艺

根据图样的精度要求，本任务第一步应先将较大的板料在工作台上用压板、螺栓装夹，再用锯片铣刀切割成 55 mm × 215 mm 的长条状半成品；第二步再用机用虎钳装夹，将其切断成 55 mm × 40 mm 的矩形工件，两步操作都在卧式铣床上进行。压板下料加工工艺过程：检验预制件→安装并找正侧面定位→压板装夹工件→安装铣刀→切断加工（长条状板条）→准备、安装机用虎钳→机用虎钳装夹工件→切断加工（压板块）→检验切断压板。压板坯料切断加工过程如图 4-3 所示。

2. 工艺准备

（1）选择铣床

选用 X6132 型卧式铣床。

（2）选择工件装夹方式

第一步切割长条状半成品时，工件以工作台面和侧面定位，用螺栓压板装夹；第二步切断成矩形工件时采用机用虎钳装夹。

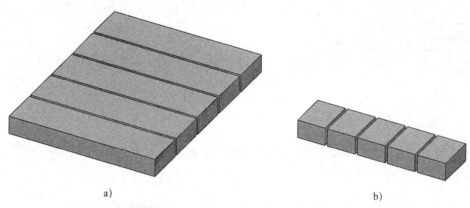

图 4-3　压板坯料切断加工过程

a）切割长条状板条　b）切断压板块

（3）选择刀具

因为压板装夹时还要考虑到螺栓的影响，所以选择刀具时以压板装夹为主。根据图样上工件热轧板件长度 B'、切割后成品的数量、工件厚度、压板厚度、螺栓螺母等高度因素选择铣刀规格，本任务第一道工序时热轧板件长度为 290 mm，成品长度 B 为（ 55 ± 0.37 ）mm，成品件数 n 为 5，工件厚度尺寸 t 为 25 mm，工件上部压板螺栓等高度 H 约为 35 mm，刀杆垫圈外径 d' 为 40 mm。按锯片铣刀外径和厚度计算公式：

$$d_0 > 2t + d' + 2H = （2 \times 25 + 40 + 2 \times 35 ）\text{mm} = 160 \text{ mm}$$

$$L < \frac{B' - Bn}{n-1} = \frac{（290 - 55 \times 5 ）\text{ mm}}{5 - 1} = 3.75 \text{ mm}$$

现选用外径为 160 mm、宽度为 3 mm 的 48 齿标准锯片铣刀。

（4）选择铣削方式

因热轧板面积相对厚度较大，是板类零件，若加工时采用逆铣，会将钢板工件拉起，造成工件变形，故尽量采用顺铣方式，铣削力向下压，工件变形比较小。

（5）选择检测方法

切断后成品长度可用游标卡尺检验。

三、压板的切断加工

1. 加工准备

（1）检验预制件

用游标卡尺检验预制件长度、宽度、厚度均在公差要求范围内。

（2）安装并找正侧面定位

第一道工序，压板装夹时需找正定位面，选择 L 形定位键，利用与 T 形槽的配合将定位键固定在 T 形槽位置的工作台面上，并找正两定位键侧面与工作台纵向平行。两定位键定位面位置，纵向应靠近工件的两侧面，横向应使锯缝处于铣床 T 形槽中间，如图 4-4 所示。

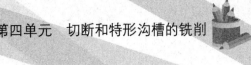

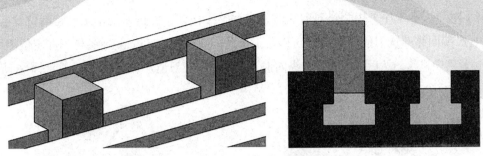

图 4-4 压板装夹时定位键的使用

（3）装夹工件

压板装夹时，将工件端面紧贴垫铁侧面定位，压板的压紧点尽可能靠近锯缝夹板位置，压板垫铁的高度应略高于工件厚度，如图 4-5a 所示。机用虎钳装夹时，用平行垫铁垫平工件，使工件上表面与钳口平齐，这样可使工件的夹持面积尽可能大些，确保工件装夹牢靠，如图 4-5b 所示。

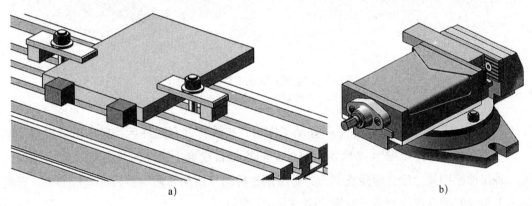

a)   b)

图 4-5 装夹工件

a）压板装夹 b）机用虎钳装夹

（4）安装铣刀

将锯片铣刀安装在外径 32 mm 的铣刀杆上，尽可能靠近机床主轴。本任务中因铣刀直径比较大，厚度仅 3 mm，为了增加铣刀的刚度，可在铣刀两边安装带孔夹板。安装后注意目测检验其圆跳动，若圆跳动较大，必须重新安装，以避免锯片铣刀折断。

（5）选择铣削用量

按工件材料、表面粗糙度要求和锯片铣刀的直径尺寸选择和调整铣削用量，现调整主轴转速 n=47.5 r/min（$v_c \approx 24$ m/min），铣削速度 v_f=23.5 mm/min（$f_z \approx 0.01$ mm/z）。

（6）调整工作台间隙

因采用顺铣方式，故应请机修钳工协助调整工作台的传动机构间隙和导轨间隙。

2. 切断加工

（1）第一道工序：切割长条状板条

1）对刀。本工序采用测量对刀法时，先调整工作台，使铣刀处于工件铣削位置上方，将钢直尺端面靠向铣刀的侧面，横向移动工作台，使钢直尺 55 mm 刻线与工件定位侧面对齐，锁紧横向进给，然后垂向对刀，纵向退刀，按垂向对刀记号升高 25 mm，如图 4-6 所示。

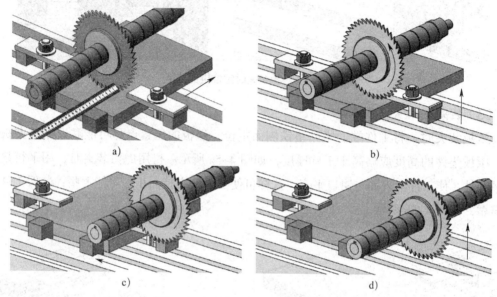

图 4-6　切割长条状板条对刀、进刀
a）横向对刀　b）垂向对刀　c）纵向退刀　d）垂向进刀

2）切断加工。开动机床，纵向移动工作台，当铣刀铣到工件后，启用机动进给，本工序采用顺铣方式，如图 4-7 所示，目的是防止钢板变形。铣削时注意工作台的拉动情况，若拉动较明显，应立即停止加工，重新调整传动机构和导轨间隙后再进行加工，否则会因工作台间隙形成的冲力折断锯片铣刀。

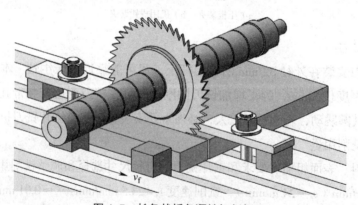

图 4-7　长条状板条顺铣切割加工

（2）第二道工序：切断压板块

1）对刀。本工序采用与第一道工序相同的对刀法，先调整工作台，使铣刀处于工件铣削位置上方，将钢直尺端面靠向铣刀的侧面，横向移动工作台，使钢直尺 40 mm 刻线与工件定位侧面对齐，如图 4-8 所示，锁紧横向进给，然后垂向对刀，纵向退刀，按垂向对刀记号升高 25 mm。

2）切断加工。开动机床，纵向移动工作台，当铣刀铣到工件后，启用机动进给，直至切断。铣削时注意工作台的拉动情况，若拉动较明显，应立即停止加工，重新调整传动机构和导轨间隙后再进行加工，否则会因工作台间隙形成的冲力折断锯片铣刀。

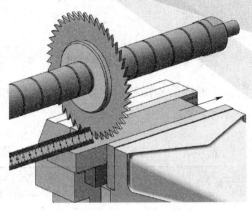

图 4-8　切割压板块对刀

四、压板切断的质量检测和质量分析

1. 质量检测

压板切断后，用游标卡尺测量成品的长度尺寸应为 54.63 ~ 55.37 mm。切断的端面与工件的底面和侧面应垂直，按未注公差，用直角尺测量，垂直度误差应在 0.2 mm 以内。成品应保持原有的平面度，检验时可将工件放在标准平板上，用手敲击工件的上平面，根据感觉检测工件下平面与标准平板测量面的贴合程度来判断工件平面度，也可用塞尺检测贴合面之间的缝隙做出判断。

2. 质量分析

（1）长度尺寸超差的主要原因可能有测量对刀时钢直尺刻线未对准、定位块侧面与工作台纵向不平行、工件装夹时侧面定位不准确等。

（2）铣刀折断的可能原因包括：切断加工时工作台横向进给未锁紧、铣削受阻停转时没有及时停止进给和主轴旋转、铣刀安装后轴向圆跳动过大、工作台传动机构和导轨间隙未调整好、进给铣削时产生突然拉动等。

课题二　铣 V 形 槽

一、V 形槽及其铣削技术要求

V 形槽广泛应用在机械制造行业中，最典型的零件就是 V 形架。

V 形槽两侧面间的夹角（槽角）有 60°、90°和 120°等，其中以 90°的 V 形槽最为常用。其主要技术要求为：

1. V 形槽的中心平面应垂直于工件的基准面（底平面）。

2. 工件的两侧面应对称于 V 形槽的中心平面。

3. V形槽窄槽两侧面应对称于V形槽的中心平面。窄槽槽底应略超出V形槽两侧面的延长交线。

二、V形槽的质量检测

V形槽的检测项目主要有：V形槽的宽度 B、V形槽的对称度和V形槽的槽角 α，见表4-3。

表4-3　　　　　　　　　　　　V形槽的检测

内容	简图	说明
槽宽的检测	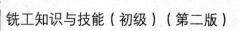 用标准量棒间接检测V形槽的宽度	1. 用游标卡尺直接检测槽宽 B 简便，但检测精度较差 2. 用标准量棒间接检测槽宽 B 时，先测得高度尺寸 h，再根据计算公式确定V形槽宽度 B： $$B = 2\tan\frac{\alpha}{2}\left(\frac{R}{\sin\frac{\alpha}{2}} + R - h\right)$$ 式中　α——V形槽槽角，（°） 　　　R——标准量棒半径，mm 　　　h——标准量棒上素线至V形槽上平面的距离，mm
槽对称度的检测	用杠杆百分表检测V形槽的对称度	检测时，在V形槽内放一标准量棒，分别以V形架的两个侧面为基准放在平板上，用杠杆百分表检测槽内量棒的最高点。两次检测的读数之差，即为其对称度误差。此法可借助量块或使用游标高度卡尺测量量棒的最高点，间接测量V形槽中心平面与V形架侧面的实际距离

续表

内容		简图	说明
槽角的检测	用游标万能角度尺检测	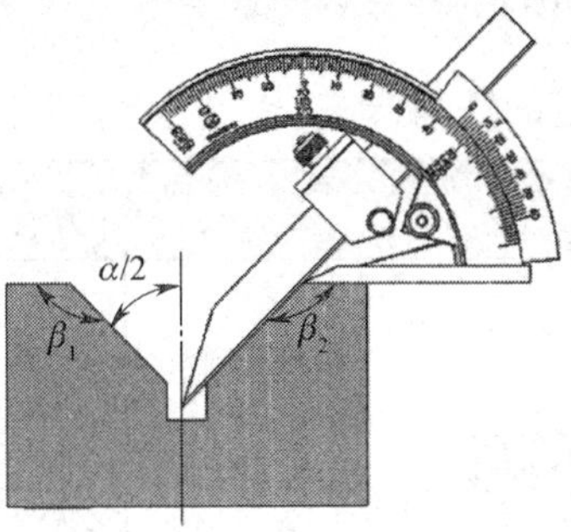	用游标万能角度尺检测槽半角 $\alpha/2$ 时，只要准确检测出角度 β_1 或 β_2，即可间接测出槽半角 $\alpha/2$ 即 $\frac{\alpha}{2}=\beta_1-90°$ 或 $\frac{\alpha}{2}=\beta_2-90°$
	用角度样板检测	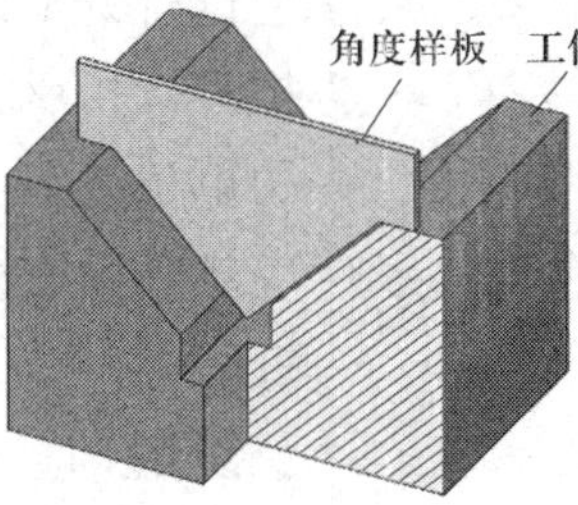槽角合格 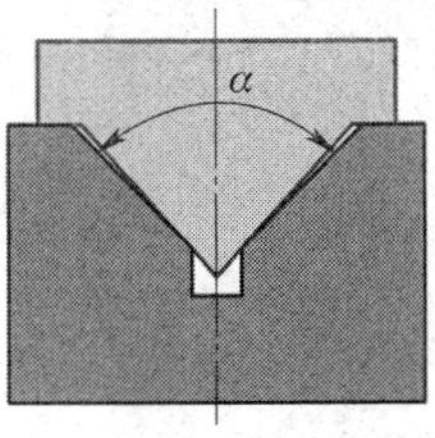槽角不合格	用角度样板检测槽角 α 时，通过观察工件槽面与样板间缝隙的均匀程度判断槽角 α 是否合格，适合于批量生产中的槽角检查
	用标准量棒间接检测	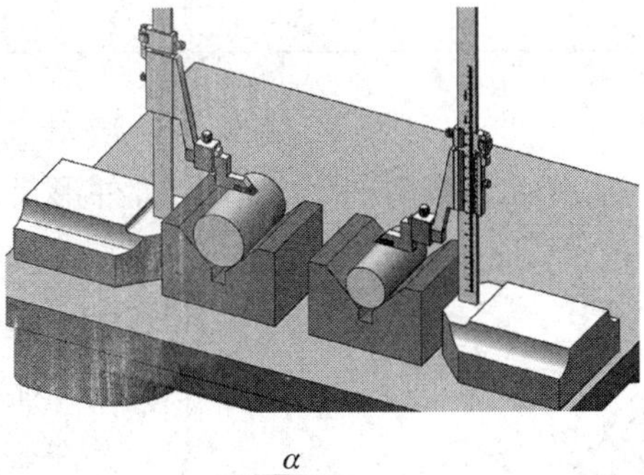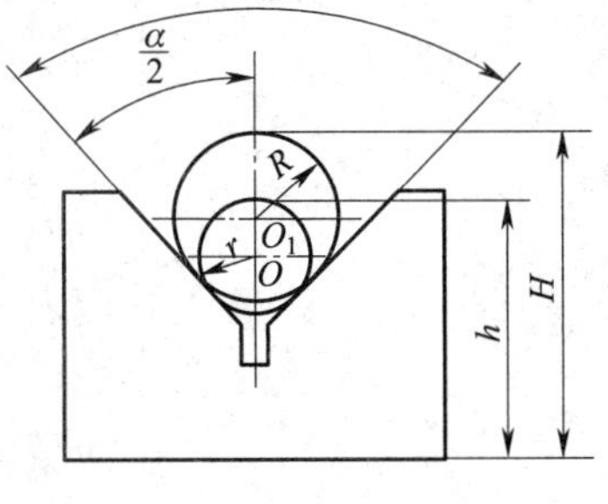	用标准量棒间接检测槽角 α 时，先后用两根不同直径的标准量棒进行间接检测，分别测得尺寸 H 和 h，根据公式计算槽半角 $\alpha/2$： $\sin\frac{\alpha}{2}=\frac{R-r}{(H-R)-(h-r)}$ $\frac{\alpha}{2}=\arcsin\frac{R-r}{(H-R)-(h-r)}$ 式中　R——较大标准量棒的半径，mm r——较小标准量棒的半径，mm H、h——两根标准量棒上素线至V形槽底面的距离，mm

三、V 形槽的铣削方法

铣削 V 形槽之前，必须严格校正夹具的定位面。工件装夹后，先用锯片铣刀铣出一条工艺窄槽，然后铣削 V 形槽的槽面，铣削方法见表 4-4。

表 4-4　　　　　　　　　　　　　V 形槽的铣削方法

内容	简图	说明
用角度铣刀铣削	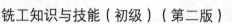 a) b)	槽角小于或等于 90° 的小型 V 形槽，可以采用与槽角角度相同的对称双角铣刀在卧式铣床上进行铣削，或组合两把刃口相反、规格相同的单角铣刀（铣刀之间应垫垫圈或铜皮）进行铣削 铣削时，先用锯片铣刀铣出工艺窄槽（见图 a），再用角度铣刀对 V 形槽面进行铣削（见图 b）
用立铣刀铣削		槽角大于或等于 90° 且外形尺寸较大的 V 形槽，可按槽角角度的二分之一倾斜立铣头，用立铣刀对槽面进行铣削 工件装夹并校正后，用立铣刀对 V 形槽面进行铣削。铣完一侧的槽面后，将工件掉转 180° 后夹紧，再铣另一侧槽面。也可将立铣头反方向偏转一个角度后再铣另一侧槽面

续表

内容	简图	说明
用盘形铣刀铣削	 	工件外形尺寸较小、精度要求不高的 V 形槽，可在卧式铣床上用盘形铣刀进行铣削。铣削时，先按图样在工件表面划线，再按划线校正 V 形槽的待加工槽面与工作台面垂直，然后用盘形铣刀（最好是错齿三面刃铣刀）对 V 形槽面进行铣削。铣完一侧槽面后，重新校正另一侧槽面并夹紧工件，将槽面铣削成形 　　对槽角等于 90° 且尺寸不大的 V 形槽，可一次校正装夹铣削成形

技能训练

铣削 V 形槽

一、训练任务

铣削如图 4-9 所示 V 形架的 V 形槽。毛坯来源为精铣件，毛坯材料为 45 钢，毛坯尺寸为 60 mm×50 mm×40 mm。

二、制定加工工艺与工艺准备

1. 制定加工工艺

根据图样的精度要求，本任务可在立式铣床上用立铣刀铣削加工，也可在卧式铣床上用对称双角铣刀铣削。现选择在卧式铣床上铣削，V 形槽铣削加工工艺过程：检验预制件→卧式铣床上安装、找正机用虎钳→工件表面划出窄槽参照线→装夹、找正工件→安装锯片铣刀→对刀、试切、预检→铣削中间窄槽→换装对称双角铣刀→垂向深度对刀→铣削 V 形槽→检验 V 形槽。V 形槽的加工过程如图 4-10 所示。

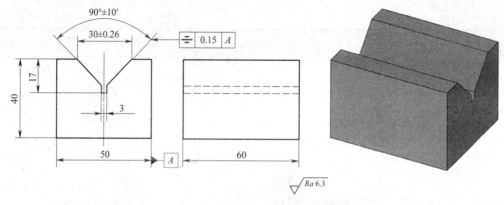

图 4-9　V 形架

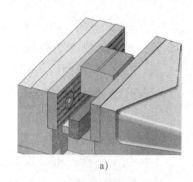
a)

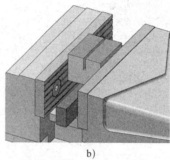
b)

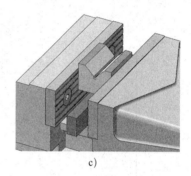
c)

图 4-10　V 形槽的加工过程

2. 工艺准备

（1）选择铣床

选用 X6132 型卧式铣床。

（2）选择工件装夹方式

采用机用虎钳装夹，工件以侧面和底面作为定位基准。

（3）选择刀具

根据图样给定的 V 形槽基本尺寸，选择直径为 100 mm，宽度为 3 mm 的锯片铣刀铣削中间工艺窄槽；选择外径为 100 mm，角度为 90°对称双角铣刀铣削 V 形槽。

（4）选择检测方法

V 形槽的槽口宽度、中间窄槽的宽度和深度用游标卡尺测量，槽角用游标万能角度尺测量，对称度的测量采用表 4-3 中用百分表借助标准量棒测量的方法。

三、V 形槽的铣削加工

1. 加工准备

（1）检验预制件

用千分尺检验预制件的平行度和尺寸，测得宽度的实际尺寸为 50.02 ~ 50.08 mm。用直角尺测量侧面与底面的垂直度，选择垂直度较好的侧面、底面作为定位基准。

（2）安装、找正机用虎钳

安装机用虎钳，并找正固定钳口与工作台纵向平行。

（3）划线、装夹工件

在工件表面划窄槽位置参照线。划线时，可将工件与划线平板贴合，游标高度卡尺的高度为（50-3）mm/2=23.5 mm，用翻身法划出两条参照线，如图4-11所示。工件装夹时，注意侧面、底面与机用虎钳定位面之间的清洁度。

（4）安装铣刀

铣削中间窄槽时，应安装锯片铣刀，并用百分表检测轴向圆跳动在0.05 mm以内；铣削V形槽换装对称双角铣刀。

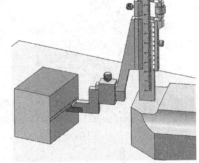

图4-11　划窄槽位置参照线

（5）选择铣削用量

按工件材料和铣刀规格选择铣削用量，铣削中间窄槽时，因锯片铣刀宽度较窄，考虑到铣削刚度，故选择并调整铣削用量 $n=47.5$ r/min（$v_c \approx 14.9$ m/min），$v_f=23.5$ mm/min；铣削V形槽时，因铣刀容屑槽浅，刀尖强度低，故选用较低的铣削用量数值，调整铣削用量 $n=60$ r/min（$v_c \approx 18$ m/min），$v_f=47.5$ mm/min。

2. 铣削加工

（1）铣削中间窄槽

1）铣削中间窄槽时，按工件表面划出的对称槽宽参照线横向对刀。开动机床，垂向对刀并上升1 mm后，纵向移动工作台，在工件表面铣出浅痕。停机后用游标卡尺预检窄槽的对称度，若有误差，应按窄槽两侧测量数据差值的一半微调横向，直至对称，如图4-12所示。本任务也可用贴纸对刀法进行对刀，具体操作方法可参照铣削直角沟槽的方法。

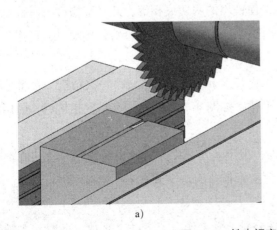

a)

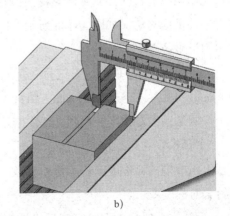

b)

图4-12　铣中间窄槽横向对刀

a）铣出浅痕　b）预检窄槽对称度

2）按垂向表面对刀的位置，垂向上升 17 mm 铣削中间窄槽。铣削时，由于深度余量比较大，应注意锁紧横向进给，并应用手动进给铣削，如图 4-13a 所示。窄槽铣削完毕，应用游标卡尺对槽深、槽宽、对称度进行预检，如图 4-13b 所示。

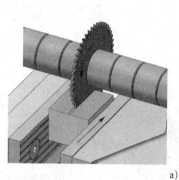
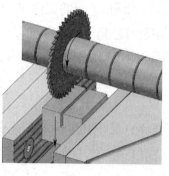
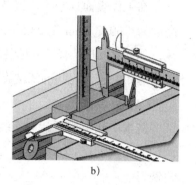

a)   b)

图 4-13　铣削并预检中间窄槽
a）铣削窄槽　b）预检窄槽

（2）铣削 V 形槽

1）计算 V 形槽深度。根据 V 形槽槽口的宽度尺寸 B 和槽角 α 以及中间窄槽的宽度 b，计算 V 形槽的深度 H：

$$H = \frac{B-b}{2} \times \cot \frac{\alpha}{2} = \frac{(30-3)\ \text{mm}}{2} \times \cot \frac{90°}{2} = 13.5\ \text{mm}$$

2）换刀。换装对称双角铣刀，在不影响横向移动的前提下，铣刀尽可能靠近机床主轴，以增强铣刀杆的刚度。

3）对刀。对刀时，目测使铣刀刀尖处于窄槽中间，垂向上升工作台，使铣刀在窄槽槽口铣出切痕；检验并微量调整横向位置，使铣出的两切痕相等，此时窄槽已与对称双角铣刀中间平面对称，如图 4-14a 所示。同时，当铣刀锥面刃与槽口恰好接触时，可作为垂向对刀记号位置。

4）粗铣。根据垂向对刀记号，垂向余量 13.5 mm 分三次粗铣，一次精铣，余量分配为 6 mm、4 mm、2.5 mm、1 mm。粗铣 V 形槽，如图 4-14b 所示，在一次粗铣后，应用游标卡尺测量槽的对称度，如图 4-14c 所示。

5）预检。在第二次粗铣后，取下工件，采用表 4-3 中 V 形槽对称度测量方法在测量平板上预检槽的对称度。若示值不一致，须按示值差的一半调整工作台横向进行试铣，直至符合对称度要求。

6）精铣。对称度调整好以后，按精铣余量上升工作台，精铣 V 形槽，此时，主轴转速可提高一个挡位，进给速度降低一个挡位，以提高表面质量。

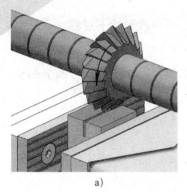 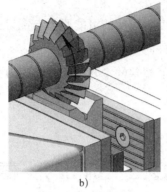 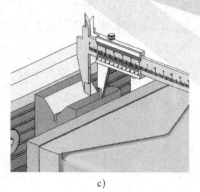

　　a)　　　　　　　　　　　b)　　　　　　　　　　　c)

图 4-14　铣削 V 形槽

四、V 形槽的质量检测和质量分析

1. 质量检测

（1）V 形槽对称度的检验与预检方法相同。

（2）窄槽宽度、深度、V 形槽槽口宽度均用游标卡尺测量。

（3）V 形槽槽角的测量，可用游标万能角度尺测出槽半角，然后用刀口形直角尺测量槽角（见图 4-15），用这种方法也能测槽角的对称度。刀口形直角尺也可用角度样板来替代，特别是当 V 形槽槽角不是 90°时，更为合适。

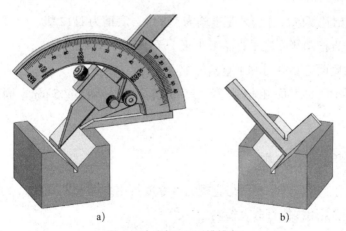

　　　　a)　　　　　　　　　　　　　　b)

图 4-15　测量 V 形槽槽角

a）测量槽半角　b）测量槽角

（4）V 形槽的表面粗糙度用目测比较法检验。

2. 质量分析

（1）V 形槽槽口宽度尺寸超差的主要原因可能有工件上平面与工作台面不平行、工件夹紧不牢固导致铣削过程中工件底面基准脱离定位面等。

（2）V形槽对称度超差可能原因有对称双角铣刀铣削时槽口对刀不准确、预检测量不准确、精铣时工件重新装夹有误差等。

（3）V形槽槽角误差大和角度不对称的可能原因有铣刀角度不准确或不对称、工件上平面未找正、机用虎钳夹紧时工件向上抬起等。

（4）V形槽侧面表面粗糙度值超差的主要原因有铣刀刃磨质量差、铣刀杆弯曲引起铣削振动等。

课题三 铣 T 形 槽

一、T形槽及其铣削技术要求

T形槽多见于机床（如铣床、牛头刨床、平面磨床等）的工作台，用于与机床附件、夹具配套时定位和固定。

T形槽已标准化，由直槽和底槽组成，根据使用要求不同分基准槽和固定槽，基准槽的尺寸精度和形状、位置精度要求比固定槽高。X6132型卧式铣床和X5032型立式铣床的工作台均有3条T形槽，中间的一条是基准槽，习惯称为中央T形槽，两侧的两条是固定槽。

T形槽的技术要求：

1. T形槽直槽宽度的尺寸公差基准槽为IT8级，底槽为IT12级。

2. 基准槽的直槽两侧面应平行（或垂直）于工件的基准面。

3. 底槽的两侧面应基本对称于直槽的中心平面。

4. 直槽两侧面的表面粗糙度值，基准槽应不大于 $Ra2.5\ \mu m$，固定槽应不大于 $Ra6.3\ \mu m$。

二、T形槽的质量检测

T形槽的槽宽、槽深以及底槽与直槽的对称度可用游标卡尺测量，直槽对工件基准面的平行度可在平板上用杠杆百分表检测。

三、T形槽的铣削方法

铣削T形槽经过铣削直槽、铣削底槽和槽口倒角等几个过程，见表4-5。

表 4-5　　　　　　　　　　　　T 形槽的铣削过程

内容	简图	说明
铣削直槽		选用合适的三面刃铣刀（或立铣刀），按照图样要求的宽度尺寸铣削直槽。直槽的深度留余量约 0.5 mm
铣削底槽并倒角		选用合适的 T 形槽铣刀铣削底槽，使其符合规定的要求。铣底槽时，要经常退刀，并及时清除切屑，选用的切削用量不宜过大，以防切削阻力过大而折断铣刀 底槽铣削完毕，用角度铣刀进行槽口倒角
铣削不穿通的 T 形槽		铣削不穿通的 T 形槽时，可在直槽铣成时，先在 T 形槽的端部（不穿通一端）钻落刀孔。孔的直径略大于 T 形槽铣刀的直径，深度应大于 T 形槽的深度。以使 T 形槽铣刀能够方便地进入或退出。然后，铣成 T 形槽的底槽。最后，进行槽口倒角

铣削 T 形槽

一、训练任务

铣削如图 4-16 所示滑块上的 T 形槽。毛坯来源为精铣件，毛坯材料为 HT200，毛坯尺寸为 60 mm × 80 mm × 70 mm。

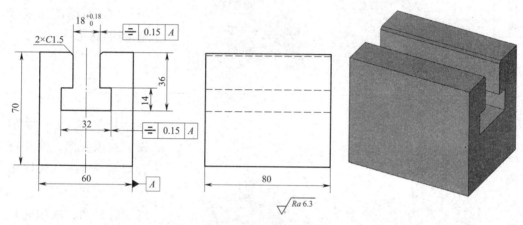

图 4-16　带 T 形槽的滑块

二、制定加工工艺与工艺准备

1. 制定加工工艺

根据图样的精度要求，本任务宜在立式铣床上用立铣刀铣削加工直槽，用 T 形槽铣刀加工 T 形底槽。T 形槽铣削加工工艺过程为：检验预制件→安装、找正机用虎钳→工件表面划出直槽参照线→装夹、找正工件→安装立铣刀→对刀、试切预检→铣削直槽→换装 T 形槽铣刀→垂向深度对刀→铣削底槽→铣削槽口倒角→检验 T 形槽。T 形槽的铣削过程如图 4-17 所示。

2. 工艺准备

（1）选择铣床

选用 X5032 型立式铣床。

（2）选择工件装夹方式

采用机用虎钳装夹，工件以侧面和底面作为定位基准。

（3）选择刀具

根据图样给定的 T 形槽基本尺寸，选择直径为 18 mm 的标准直柄立铣刀铣削直槽；选择基本尺寸为 18 mm、直径为 32 mm、宽度为 14 mm 的标准直柄 T 形槽铣刀铣削底槽；选择外径为 25 mm、角度为 45° 的直柄角度铣刀倒角。

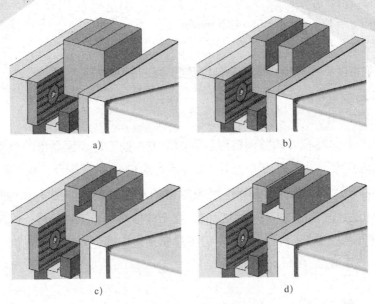

图 4–17　T 形槽的铣削过程

a）划直槽参照线　b）铣直槽　c）铣 T 形底槽　d）槽口倒角

（4）选择检测方法

T 形槽的测量方法比较简单，本任务可用游标卡尺测量各尺寸和对称度。

三、T 形槽的铣削加工

1. 加工准备

（1）检验预制件

用千分尺检验预制件的平行度和尺寸，测得宽度的实际尺寸为 60.03 ~ 60.10 mm。

（2）安装、找正机用虎钳

安装机用虎钳，并找正固定钳口与工作台纵向平行。

（3）划线、装夹工件

在工件表面划直槽位置参照线。划线时，可将工件与划线平板贴合，游标高度卡尺调整高度为（60−18）mm/2=21 mm，用翻身法划出两条参照线，具体方法参照图 4–11。工件装夹时，注意侧面、底面与机用虎钳定位面之间的清洁度。

（4）安装铣刀

根据立铣刀、T 形槽铣刀和角度铣刀的柄部直径，选用弹性套和铣夹头安装铣刀，铣刀伸出部分应尽可能短，以增加铣刀的刚度。

（5）选择铣削用量

按工件材料和铣刀规格选择铣削用量。铣削直槽时，调整铣削用量 $n=250$ r/min （$v_c \approx 15$ m/min），$v_f=30$ mm/min；铣削 T 形槽底槽时，因铣刀强度低，排屑困难，故选用较低的铣削用量 $n=118$ r/min（$v_c \approx 12$ m/min），$v_f=23.5$ mm/min；铣削倒角时，选用铣削用

量 $n=235$ r/min（$v_c\approx18$ m/min），$v_f=47.5$ mm/min。

（6）找正立铣头位置

为保证铣削精度，注意检查立铣头刻度盘的零线是否对准。

2. 铣削加工

（1）铣削直槽

1）调整工作台，将铣刀调整到铣削位置的上方，按工件表面划出的对称槽宽参照线横向对刀。开动机床，垂向对刀并上升 1 mm 后，纵向移动工作台，在工件表面铣出浅痕，如图 4-18a 所示。停机后用游标卡尺预检槽的对称位置，如图 4-18b 所示，若有误差，应按两侧测量数据差值的一半微调横向，直至浅槽对称于工件外形，同时，需对槽宽的实际尺寸进行预检，如图 4-18c 所示，但须注意预检应避免刀尖圆弧或倒角对槽宽测量的影响。

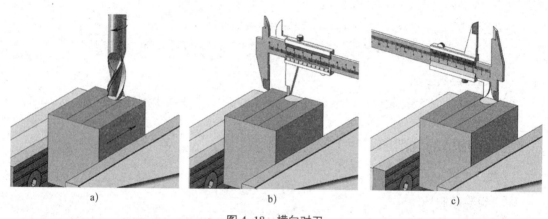

图 4-18 横向对刀

a）切痕对刀 b）预检对称度 c）预检槽宽

2）按垂向表面对刀的位置，将 36 mm 深度余量分两次铣削，若侧面不再精铣，槽深余量的分配最好为 22 mm 与 14 mm，以避免直槽侧面留有接刀痕，如图 4-19a 所示。铣削时，由于深度余量比较大，应注意锁紧横向进给，并应先用手动进给缓慢切入工件，然后改用机动进给。为避免顺铣、逆铣对槽宽的影响，两次铣削应采用同一方向。直槽铣削完毕，应对槽深、槽宽、对称度进行预检，如图 4-19b 所示。

（2）铣削 T 形底槽

1）换装 T 形槽铣刀。因直槽铣削后横向没有移动，不必重新对刀。如果工件重新安装或横向已经移动，可采用切痕对刀。换装 T 形槽铣刀后，调整垂向使铣刀的端面刃与直槽底恰好接触，调整横向进给，目测使铣刀中心与直槽对准，开动机床，缓缓移动工作台纵向位置，使 T 形槽铣刀在直槽槽口铣出相等的两个切痕，此时，主轴与工件的横向相对位置已恢复至直槽加工位置，如图 4-20 所示。

2）垂向对刀并铣削 T 形槽，如图 4-21 所示。使铣刀端面刃与直槽底恰好接触，为

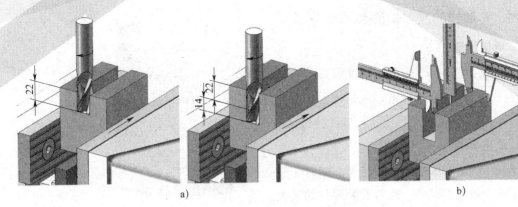

图 4-19 铣削直槽并预检

a）铣削直槽　b）预检

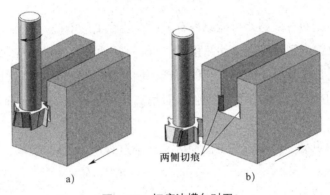

两侧切痕

图 4-20 切痕法横向对刀

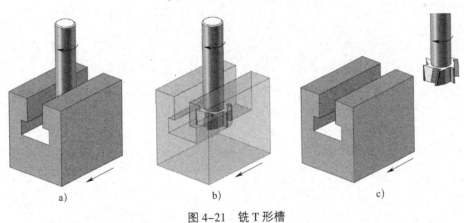

图 4-21 铣 T 形槽

减少 T 形槽铣刀端面与槽底的摩擦，也可以使直槽略深一些。底槽铣削开始用手动进给，当铣刀大部分缓缓切入后改用机动进给，铣削过程中注意及时清除切屑，以免因切屑堵塞导致切削区温度升高使铣刀退火或折断，从而影响铣削，甚至造成废品。

（3）铣削槽口倒角

如图 4-22 所示，换装角度铣刀，垂向对刀，使铣刀锥面刃与槽口恰好接触，工作台垂向升高 1.5 mm，铣削槽口倒角。

四、T形槽的质量检测和质量分析

1. 质量检测

T形槽的检验比较简单，精度较高的直槽检验可用内径千分尺或塞规测量，底槽检验一般用游标卡尺测量，倒角和表面粗糙度通过目测检验。

2. 质量分析

（1）直槽宽度尺寸超差的主要原因可能有立铣刀直径尺寸测量不准确、铣刀安装后跳动量大、进给速度比较快使铣刀发生偏让、两次铣削时进给方向不同等。

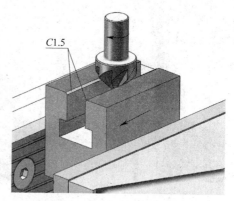

图 4-22　铣削槽口倒角

（2）底槽与直槽对称度超差可能原因有工件重装后T形槽铣刀对刀不准确、铣削底槽时因工作台横向进给未锁紧产生拉动偏移。

（3）T形槽槽底与基准底面不平行的可能原因有铣刀未夹紧铣削过程中有微量下移、工件在铣削过程中因夹紧不牢固使基准底面偏离定位面、装夹时底面与工作台面不平行等。

（4）底槽表面粗糙度值较大的可能原因有铣削过程中未及时清除切屑、进给量过大、进给速度不均匀等。

第五单元
利用万能分度头铣削

📋 **学习目标**

1. 能描述万能分度头的结构、功用。
2. 能描述万能分度头的常用附件及其功用。
3. 能对万能分度头进行一般的保养和维护。
4. 能运用简单分度法和角度分度法进行分度计算和分度操作，能加工出正多边形工件。
5. 能描述外花键的种类及定心方式。
6. 能按工艺要求用三面刃铣刀粗铣外花键并对其进行检测。

课题一　万能分度头的使用

一、万能分度头的结构和功用

万能分度头是铣床的精密附件，它们用来在铣床及其他机床上装夹工件，以满足不同工件的装夹要求，并可对工件进行圆周等分和通过交换齿轮与工作台纵向丝杠连接加工螺旋线、等速凸轮等，从而扩大了铣床的加工范围。

1. 规格

万能分度头的规格通常用中心高表示，常用的规格有 100 mm、125 mm、160 mm、200 mm、250 mm 等。分度头的型号由大写的汉语拼音字母和数字两部分组成，通常表示如下：

F11125 型分度头是铣床上应用最普遍的一种万能分度头，其主轴中心高度是用分度头划线、校正的一个重要依据。

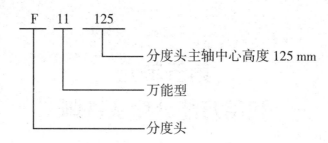

- 分度头主轴中心高度 125 mm
- 万能型
- 分度头

2. 结构

F11125 型万能分度头的结构如图 5-1 所示。分度头的主轴 2 为空心轴，两端为莫氏 4 号锥孔，前锥孔用来安装顶尖或锥度心轴，后锥孔用来安装挂轮轴，主轴前端有一短圆锥用来安装三爪自定心卡盘的连接盘。松开基座 1 后方的两个紧固螺钉，可使回转体 8 转动 –6° ～ 90°，使分度头的主轴与工作台面呈一定的角度；基座上可安装定位键与工作台上的 T 形槽配合，对分度头定位。主轴的前端有一刻度盘 9，可用来直接分度。手柄 10 用来紧固分度头主轴。手柄 12 用于蜗轮蜗杆副的接合或脱开。侧轴 11 用来安装交换齿轮。分度手柄 6 与分度盘 4、定位插销 7、分度叉 5 配合使用完成分度工作。分度盘和侧轴不需转动时，将分度盘紧固螺钉 3 紧固；分度盘和侧轴需转动时，则必须松开该紧固螺钉。

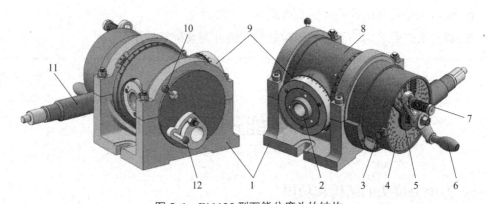

图 5-1　F11125 型万能分度头的结构

1—基座　2—主轴　3—分度盘紧固螺钉　4—分度盘　5—分度叉　6—分度手柄　7—定位插销
8—回转体　9—刻度盘　10—主轴紧固手柄　11—侧轴　12—蜗杆脱开手柄

分度盘是主要分度部件，安装在分度手柄的轴上。其上均匀分布有数个同心圆，各个同心圆上分布着不同数目的小孔，作为各种分度计算和实施分度的依据。由于型号不同，分度头配备的分度盘数量也不等。分度盘的结构如图 5-2 所示，F11125 型万能分度头的分度盘孔圈孔数见表 5-1。

3. 功用

万能分度头的主要功用如下：

（1）能够将工件做任意的圆周等分或直线移距分度。

图 5-2　分度盘的结构

表 5-1　　　　　　　　F11125 型万能分度头的分度盘孔圈孔数

盘块数	分度盘孔圈孔数	
带一块分度盘	正面：24、25、28、30、34、37、38、39、41、42、43	
	反面：46、47、49、51、53、54、57、58、59、62、66	
带两块分度盘	第一块	正面：24、25、28、30、34、37
		反面：38、39、41、42、43
	第二块	正面：46、47、49、51、53、54
		反面：57、58、59、62、66

（2）可把工件的轴线放置成水平、垂直或任意角度的倾斜位置。

（3）通过交换齿轮，可使分度头主轴随铣床工作台的纵向进给运动做连续旋转，实现工件的复合进给运动。

二、万能分度头的附件和功用

为了满足不同零件的装夹要求及分度头的各种用途，F11125 型分度头配有多种附件，其名称及功用如下。

1. 三爪自定心卡盘

三爪自定心卡盘通过连接盘安装在分度头主轴上，用来夹持工件。当卡盘扳手 5 的方榫插入小锥齿轮 1 的方孔内转动时，小锥齿轮就带动大锥齿轮 2 转动。大锥齿轮的背面有一平面螺纹 4，与三个卡爪 3 上的牙齿啮合，因此转动扳手通过三爪联动可将工件定心夹紧或松开，如图 5-3 所示。

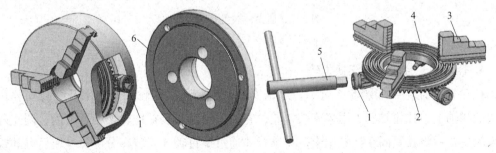

图 5-3　三爪自定心卡盘

1—小锥齿轮　2—大锥齿轮　3—卡爪　4—平面螺纹　5—卡盘扳手　6—连接盘

2. 尾座

尾座又称尾架，如图 5-4 所示，用来配合分度头装夹带中心孔的轴类零件，转动手轮 1 可使顶尖 3 进退，以便装卸工件；定位键 5 使尾座顶尖中心线与分度头主轴中心线保持共线。

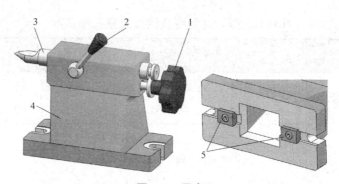

图 5-4　尾座

1—手轮　2—锁紧手柄　3—顶尖　4—尾座体　5—定位键

3. 顶尖、拨盘和鸡心夹

顶尖、拨盘和鸡心夹如图 5-5 所示，用来装夹带中心孔的轴类零件，使用时将顶尖装在分度头主轴锥孔内，将拨盘装在分度头主轴前端端面上，然后用内六角圆柱头螺钉紧固。用鸡心夹将工件夹紧放在分度头与尾座两顶尖之间，同时将鸡心夹的弯头放入拨盘的开口内，将工件顶紧后，紧固拨盘开口上的紧固螺钉，使拨盘与鸡心夹连接，用以将主轴的转动传递给工件，及保证主轴锁紧时工件不会发生转动。

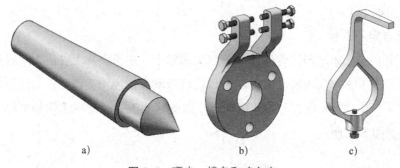

a)　　　　　　　　　　b)　　　　　　　c)

图 5-5　顶尖、拨盘和鸡心夹

a）顶尖　b）拨盘　c）鸡心夹

4. 挂轮轴、挂轮架和交换齿轮

挂轮轴和挂轮架如图 5-6 所示，用来安装交换齿轮。挂轮架 1 利用开缝孔安装在分度头的侧轴上，挂轮轴套 3 用来安装挂轮，它的另一端安装在挂轮架的长槽内，调整好交换齿轮位置后将其紧固在挂轮架上。支承板 4 通过螺钉轴 5 安装在分度头基座后方的螺纹孔上，用来支承挂轮架。锥度挂轮轴 6 安装在分度头主轴的后锥孔内，另一端安装交换齿轮。

5. 千斤顶

如图 5-7 所示，千斤顶用来支持刚度较差易弯曲变形的工件，以减少变形。使用时松开紧固螺钉 4，转动调整螺母 2，使顶头 1 上下移动，当顶头的 V 形槽与工件接触稳固后，拧紧紧固螺钉 4。

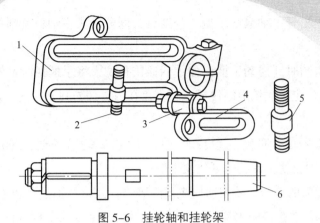

图 5-6 挂轮轴和挂轮架

1—挂轮架 2、5—螺钉轴 3—挂轮轴套 4—支承板 6—锥度挂轮轴

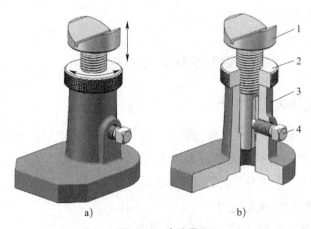

图 5-7 千斤顶

a）外形 b）结构

1—顶头 2—调整螺母 3—千斤顶体 4—紧固螺钉

三、用万能分度头及附件装夹工件

该部分内容已在第三单元课题三中的"轴类工件的装夹方法"中介绍。

四、万能分度头的使用注意事项

分度头是铣床的精密附件，正确使用和保养能延长分度头的使用寿命和保持其精度。使用和维护时应注意以下几点。

1. 分度头蜗轮蜗杆的啮合间隙（0.02 ~ 0.04 mm）不能随意调整，以免间隙过大影响精度，过小则会增加磨损。

2. 在装卸、搬运分度头时，要保护好主轴、锥孔和基座底面，以免损坏。

3. 在分度头上装卸工件时，应先锁紧分度头主轴，切忌使用加长套管套在扳手上施力。

4. 分度前应先松开主轴紧固手柄，分度后紧固分度头主轴；铣削螺旋槽进给时主轴紧固手柄应松开。

5. 分度时，应顺时针摇动手柄，如手柄摇错孔位，将手柄逆时针转动半转后再顺时针转动到规定孔位。定位插销应缓慢插入分度盘孔内，切勿弹入孔内，以免损坏分度盘的孔眼和定位插销。

6. 调整分度头主轴的仰角（起度角）时，不应将基座上靠近主轴前端的两个内六角紧固螺钉松开，否则会使主轴起度零位发生变动。

7. 要保持分度头的清洁，使用前应先清除脏物，并将主轴锥孔和基座底面擦拭干净。

8. 分度头各部位要按说明书要求定期加油润滑，分度头存放时应涂防锈油。

用万能分度头装夹工件

一、用两顶尖装夹工件并校正

1. 将长 300 mm 的莫氏 4 号锥度检验心轴插入分度头主轴锥孔内，校正分度头主轴上素线和侧素线，在 300 mm 长度上百分表读数的差不应超过 0.03 mm。

2. 取下检验心轴，安装分度头顶尖和尾座。

3. 将标准心轴顶在两顶尖之间。

4. 校正标准心轴上素线及侧素线至符合要求。

二、用一夹一顶装夹工件并校正

1. 步骤

（1）在分度头主轴端安装三爪自定心卡盘。

（2）用三爪自定心卡盘装夹标准心轴，并用百分表校正径向圆跳动至符合要求。

（3）校正标准心轴上素线、侧素线至符合要求。

（4）安装尾座顶尖，并将标准心轴顶紧。

（5）校正标准心轴上素线、侧素线，若不符合要求，则仅调整尾座顶尖，使标准心轴上素线、侧素线符合要求。

2. 注意事项

（1）校正练习中，百分表读数的差值变化往往受其他很多因素的影响，故教师应根据具体情况适当调整学生练习时的允许误差值。

（2）分度头及各个附件的基准面在安装前一定要擦拭干净，以免影响校正精度。

（3）校正时应注意百分表测头的压量及位置，以免误读或测量不准。

（4）校正时不准用锤子敲击心轴、分度头及尾座。

课题二　简单分度法

一、万能分度头传动系统

图5-8所示为万能分度头的传动系统，转动分度手柄，经传动比为1：1的直齿轮传动和40：1的蜗轮蜗杆传动，可使主轴转到所需的分度位置。分度盘上有几圈均匀分布的、孔数不同的孔圈，用于确定手柄所转的位置和固定手柄。定位插销可在分度手柄的长槽中调整纵向位置，使定位插销能够插入不同孔数的孔圈中。

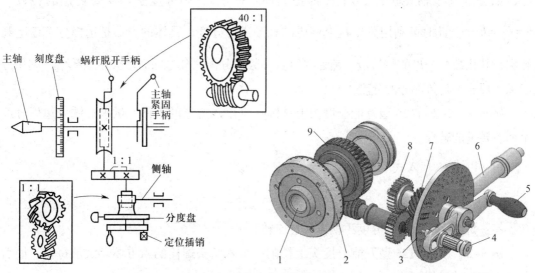

图 5-8　万能分度头的传动系统

1—主轴　2—刻度盘　3—分度盘　4—定位插销　5—分度手柄　6—侧轴
7—螺旋齿轮传动（1：1）　8—直齿轮传动（1：1）
9—蜗轮蜗杆传动（40：1）

二、简单分度法分度原理

生产中，万能分度头最常用的分度方法就是简单分度法，又称单式分度法。在万能分度头上用简单分度法分度时，应先将分度盘固定，转动分度手柄，使蜗杆带动蜗轮旋转，从而带动主轴和工件转过一定的转（度）数。

在万能分度头内部，蜗杆是单线，蜗轮为40齿。分度中，当分度手柄转动时，蜗杆和蜗轮就跟着旋转。当分度手柄（蜗杆）转过40周，蜗轮（工件）转过一周，即传动比为40：1，"40"称为分度头的定数。各种常用的分度头（FK型数控分度头除外）都采用这个定数。则分度手柄转数与工件等分数的关系式为：

$$40 : 1 = n : \frac{1}{z}$$

即

$$n = \frac{40}{z}$$

式中　　n——分度手柄转数；

　　　40——分度头的定数；

　　　z——工件等分数（齿数或边数）。

例如，要分度头主轴转过 1/2 转（即把圆周 2 等分），分度手柄需要转过的转数为 $n = \frac{40}{2} = 20$。如果分度头主轴要转过 1/5 转（即把圆周 5 等分），则分度手柄需要转过的转数为 $n = \frac{40}{5} = 8$。上式为简单分度法的计算公式。当计算得到的转数 n 不是整数而是分数时，如分度头主轴要转过 1/6 转（即把圆周 6 等分），则分度手柄需要转过的转数为 $n = \frac{40}{6} = 6\frac{2}{3}$。此时可利用分度盘上相应的孔圈进行分度，具体的方法是选择分度盘上某孔圈，其孔数为分母的整倍数，然后将该真分数的分子、分母同时增大该整数倍，利用分度叉实现非整转数部分的分度。

例 5-1　在 F11125 型万能分度头上铣削一个正八边形的工件，试求每铣一边后分度手柄应转过的转数。

解：以 $z = 8$ 代入式 $n = \frac{40}{z}$ 得：

$$n = \frac{40}{z} = \frac{40}{8} = 5$$

答：每铣完一边后，分度手柄应转过 5 转。

例 5-2　在 F11125 型万能分度头上铣削一个六角头螺栓的六方体，试求每铣一面后分度手柄应转过的转数。

解：以 $z = 6$ 代入式 $n = \frac{40}{z}$ 得：

$$n = \frac{40}{z} = \frac{40}{6} = 6\frac{2}{3} = 6 + \frac{44}{66}$$

答：分度手柄应转过 6 转后又在分度盘孔数为 66 的孔圈上转过 44 个孔距，这时工件转过 1/6 转。

例 5-3　铣削一个齿数为 48 的齿轮，分度手柄应转过多少转后再铣第二个齿？

解：以 $z = 48$ 代入式 $n = \frac{40}{z}$ 得：

$$n = \frac{40}{z} = \frac{40}{48} = \frac{5}{6} = \frac{55}{66}$$

答：分度手柄应在 66 孔圈内转 55 个孔距（分度叉之间包含 56 个孔），这时工件转过 1/48 转。

三、分度盘及分度叉的使用

由上述案例可以看出，分度手柄转数为分数（带分数或真分数）时，其非整转数部分的分度需要用分度盘和分度叉进行。使用分度盘与分度叉时应注意以下两点：

（1）选择孔圈时，在满足孔数是分母整倍数的条件下，一般应选择孔数较多的孔圈。例如，例 5-2 中，$n = 6\frac{2}{3} = 6\frac{16}{24} = 6\frac{20}{30} = 6\frac{26}{39} = \cdots = 6\frac{44}{66}$，可选择的孔圈孔数分别是 24、30、39、…、66 共 8 个，一般选择孔数为 42 或 66 的孔圈（分别在第 1 块和第 2 块分度盘的反面）。因为一方面在分度盘的第一面上孔数多的孔圈离轴心较远，操作方便；另一方面分度误差较小（准确度高）。

（2）分度叉两叉脚间的夹角可调，调整的方法是使两叉脚间的孔数比需摇的孔数多 1 个。如图 5-9 所示，两叉脚间有 6 个孔，但只包含了 5 个孔距。在例 5-2 中，$n = 6\frac{2}{3} = 6\frac{28}{42}$，如选择孔数为 42 的孔圈，分度叉两叉脚间应有 28+1=29 个定位孔。

每次分度时，将定位插销从叉脚 1 内侧的定位孔中拔出并转动 90° 锁住，然后摇动分度手柄所需的整数圈后，将定位插销摇到叉脚 2 内侧的定位孔上方，将定位插销转动 90° 后轻轻插入该定位孔内，然后转动分度叉使叉脚 1 靠紧定位插销（此时叉脚 2 转动到下一次分度时所需的定位位置）。

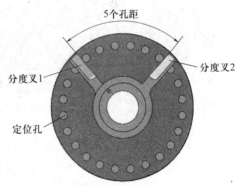

图 5-9　分度叉

四、用简单分度法铣削正多边形

1. 正多边形的相关计算

如图 5-10 所示，毛坯为直径 D 的圆棒，铣削加工成边长为 s 的正六边形，其相关计算如下：

中心角 $\alpha = \dfrac{360°}{z}$

内角 $\theta = \dfrac{180°}{z}(z-2)$

边长 $s = D\sin\dfrac{\alpha}{2}$

内切圆直径 $d = D\cos\dfrac{\alpha}{2}$

式中　D——外接圆直径（毛坯直径），mm；

z——正多边形边数。

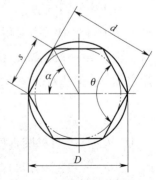

图 5-10　正多边形相关尺寸

2. 正多边形工件的装夹

铣削短小的正多边形工件一般采用分度头上的三爪自定心卡盘装夹，用三面刃铣刀铣削，如图 5-11a 和图 5-11b 所示。对工件的螺纹部分，要采用衬套或垫铜皮，以防夹伤螺纹。露出卡盘部分应尽量短些，防止铣削中工件松动。

铣削较长的正多边形工件时，可用分度头配以尾座装夹，用立铣刀或面铣刀铣削，如图 5-11c 所示。

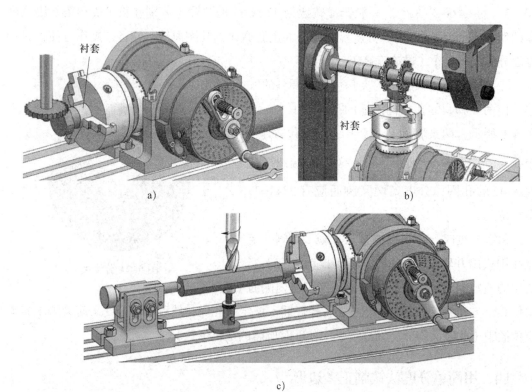

图 5-11　正多边形工件的装夹方法

3. 铣削方法

（1）用单刀铣削

单刀铣削时，一般用侧擦法对刀，如图 5-12 所示。将铣刀与工件外圆轻轻相擦后，将工件进给一个距离 e，试铣一刀，检测合格后，依次分度铣削其他各边。这种方法可以用来加工任何边数的多边形，其铣削余量为：

$$e = \frac{D - d}{2}$$

式中　D——工件外圆直径，mm；

　　　d——工件内切圆直径，mm。

（2）用组合铣刀铣削

组合法只适合边数为偶数的多边形的铣削，一般用试切法对中心，如图 5-13 所示。

先将两把铣刀的内侧距离调整为多边形对边的尺寸 s（即 $s=d$）。用目测法将试件中心对正两铣刀中间，在试件端面上适量铣去一些后，退出试件，旋转 $180°$ 再铣一刀，若其中有一把铣刀切下了切屑，则说明对刀不准。这时可测量第二次铣后试件的尺寸 s'，将试件未铣到的一侧向同侧的铣刀移动一个距离 $e=\dfrac{s-s'}{2}$ 即可。

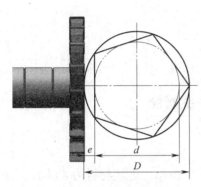

图 5-12　用单刀铣削正多边形

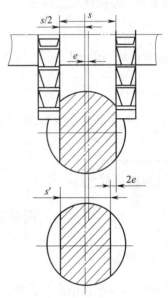

图 5-13　用组合铣刀铣削正多边形

对刀结束，锁紧工作台，换上工件，开始正式铣削。

五、角度分度法分度原理

角度分度法是简单分度法的另一种形式，只是计算的依据不同。简单分度是以工件的等分数 z 作为分度计算的依据，而角度分度法是以工件所需转过的角度 θ 作为计算的依据。两者的分度原理相同，只是在具体计算方法上有些不同。

由分度头结构可知，分度手柄转过 40 转，分度头主轴带动工件转过 1 转，即 $360°$，分度手柄每转过 1 转，工件则转过 $9°$ 或 $540'$。因此，可得出角度分度法的计算公式。

工件转动角度 θ 的单位为（°）时：

$$n = \frac{\theta}{9°}$$

工件转动角度 θ 的单位为（′）时：

$$n = \frac{\theta}{540'}$$

例 5-4　在 F11125 型万能分度头上装夹工件，铣削夹角为 $116°$ 的两条槽，求分度手柄的转数。

解：以 $\theta = 116°$ 代入式 $n = \dfrac{\theta}{9°}$ 得：

$$n = \frac{\theta}{9°} = \frac{116°}{9°} = 12\frac{8}{9} = 12\frac{48}{54}$$

答：分度手柄在孔数为 54 的孔圈上转 12 转再加 48 个孔距。

例 5-5　在圆柱形工件上铣两条直槽，其所夹圆心角 $\theta = 38° \ 10'$，求分度手柄应转的转数。

解：$\theta = 38° \ 10' = 2\ 290'$，代入式 $n = \dfrac{\theta}{540'}$ 得：

$$n = \frac{\theta}{540'} = \frac{2\ 290'}{540'} = 4\frac{13}{54}$$

答：分度手柄在孔数为 54 的孔圈上转 4 转再加 13 个孔距。

用简单分度法铣削六角头螺栓

一、训练任务

用简单分度法铣削六角头螺栓的六方体，如图 5-14 所示。毛坯材料为 45 钢，毛坯来源为预制件。

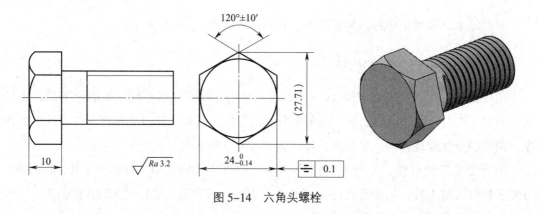

图 5-14　六角头螺栓

二、制定加工工艺与工艺准备

1. 制定加工工艺

（1）用立铣刀在立式铣床上铣削加工六方体工艺过程

根据图样的精度要求，本任务在立式铣床上用立铣刀加工，其加工工艺过程为：检验预制件→安装、校正万能分度头及三爪自定心卡盘→装夹和找正工件→安装立铣刀→粗铣六方体第一面→检查第一面尺寸并调整铣削位置→重新铣削第一面→再次检查第一面尺寸→检测合格后依次铣削加工六方体其他面→检验六方体工件。

（2）用组合铣刀在卧式铣床上铣削加工六方体工艺过程

据图样的精度要求，本任务在卧式铣床上用三面刃组合铣刀加工，其加工工艺过程为：检验预制件→安装、校正万能分度头及三爪自定心卡盘→装夹和找正工件→安装三面刃组合铣刀→粗铣六方体第一对平行对面→工件旋转180°重新铣削→检查第一组对面尺寸并调整铣削位置→重新铣削第一组对面→再次检查第一组对面尺寸→检测合格后依次铣削加工六方体其他面→检验六方体工件。

2. 工艺准备

（1）选择铣床

选用 X5032 型立式铣床。

（2）选择工件装夹方式

零件预制件为带螺纹的圆柱台阶轴，加工成形后大端圆柱会变成六方体，有一定的对称度要求及角度精度要求，因此宜采用万能分度头配三爪自定心卡盘装夹，考虑到装夹部位有螺纹，为了保证装夹精度及防止夹伤螺纹部分，可在螺纹外用一开缝套包在螺纹外面，如图 5-15 所示。

（3）选择刀具

1）用立铣刀加工时，根据预制件尺寸，铣削六方体部位轴向长度为 10 mm，因此选用 $\phi12$ mm 的高速钢立铣刀即可。

2）用组合铣刀加工时，根据图样给定的六方体对边及对角尺寸，选用三面刃铣刀的规格，其外径应大于刀杆垫圈外径与 2 倍六方体长度尺寸

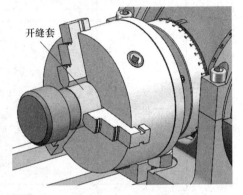

图 5-15　利用开缝套装夹

之和，即 $D_{刀杆垫圈}$ +2×10 mm=50 mm；铣刀的厚度应大于预制件圆柱直径与六方体对面尺寸差值的一半，即（28-24）mm/2=2 mm。现选用 63 mm×22 mm×6 mm 的标准直齿三面刃铣刀，两把铣刀的外径应严格相等。

（4）选择检测方法

1）根据尺寸精度，六方体对面尺寸用游标卡尺进行测量；相邻面夹角用游标万能角度尺检验。

2）表面粗糙度采用目测比对法检验。

三、加工步骤

六角头螺栓的加工步骤见表 5-2。

表 5–2　　　　　　　　　　　　　六角头螺栓的加工步骤

序号	步骤	图示	
		立铣	卧铣
1	对照图样，检查工件毛坯	 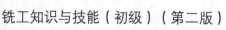	
2	安装并校正分度头及三爪自定心卡盘		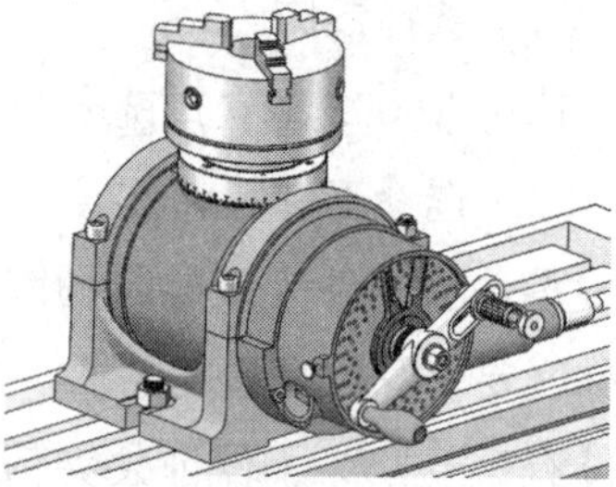
3	装夹并校正工件	 铜皮	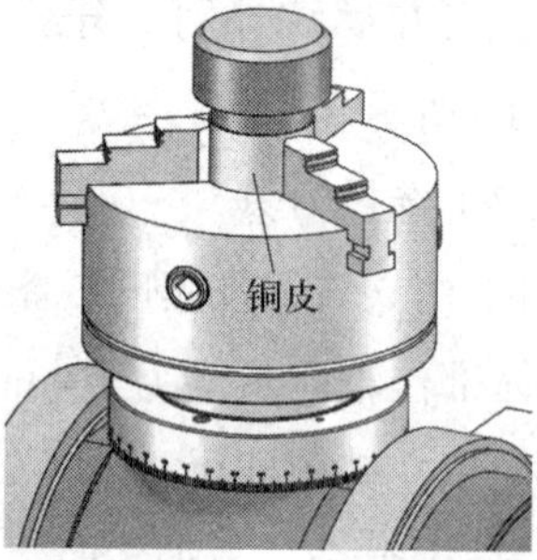 铜皮
4	选择并安装铣刀	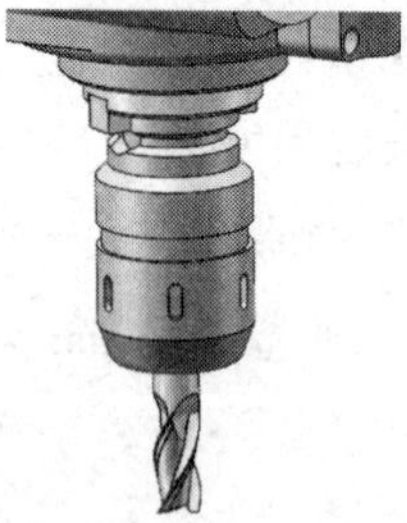	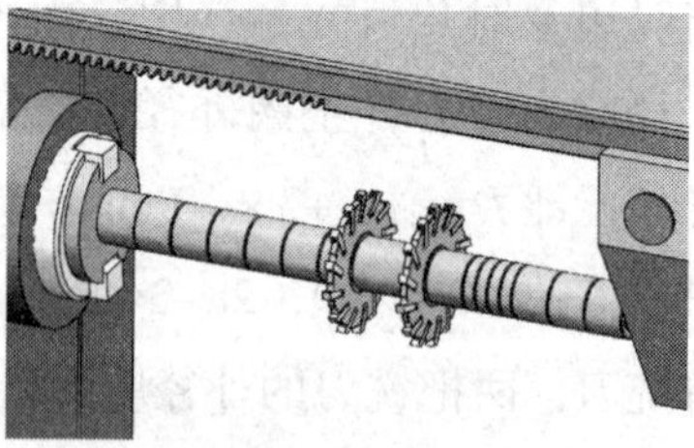
5	对刀，试铣第一面或第一组对面		

续表

序号	步骤	图示	
		立铣	卧铣
6	检测第一面或第一组对面的尺寸		
7	根据检测尺寸调整铣削位置后重新铣削并再次检测尺寸		
8	检测合格后，依次分度铣削其他各面，至符合图样要求		

四、六方体的质量检测和质量分析

1. 质量检测

（1）用千分尺测量六方体对面尺寸。对面尺寸应为 23.86 ~ 24.00 mm。

（2）用游标卡尺测量台阶长度尺寸。长度尺寸按未注公差确定。

（3）用百分表测量六方体对称度误差。测量检验方法与四方体的对称度检验完全相同，百分表的示值变动量应在 0.1 mm 内。

（4）检验六方体侧面夹角。采用游标万能角度尺测量，具体操作方法与斜面夹角测量相同。

（5）通过目测比对法进行表面粗糙度的检验。

2. 质量分析

（1）对边尺寸超差的可能原因有立铣刀端铣时对刀误差、组合铣刀在调整对边尺寸时垫圈厚度计算错误、工作台移动、测量误差、操作失误。

（2）相邻面角度超差的可能原因有分度计算错误、分度手柄转数操作失误、测量夹角操作和量具读数不准确。

（3）六方体对称度超差的可能原因是对称度调整、预检失误等。

（4）六方体对面不平行的可能原因是工作台纵向进给方向与机床轴线不垂直。

用角度分度法铣削不等分角度面

一、训练任务

铣削加工如图 5-16 所示销轴上的两个不等分角度面。毛坯材料为 45 钢，毛坯来源为车削预制件。

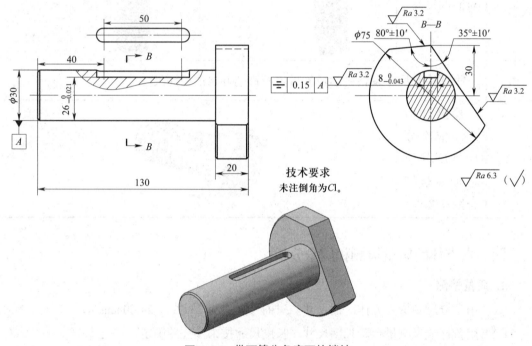

技术要求
未注倒角为C1。

图 5-16　带不等分角度面的销轴

二、制定加工工艺与工艺准备

1. 制定加工工艺

根据图样的精度要求，角度面在铣床上可采用立铣刀铣削加工。角度面加工工艺过程：检验预制件→安装分度头及三爪自定心卡盘→装夹和找正工件→安装立铣刀→工件端面划线→调整 35° 角度面铣削位置→粗铣 35° 角度面→调整 80° 角度面铣削位置→粗铣 80° 角度面→预检角度面位置尺寸和夹角精度→准确调整角度面铣削位置→精铣角度面→检验角度面。不等分角度面加工顺序如图 5-17 所示。

2. 工艺准备

（1）选择铣床

选用 X5032 型立式铣床。

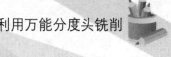
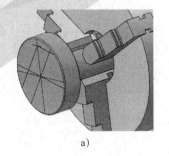
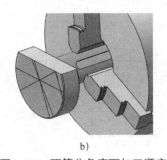
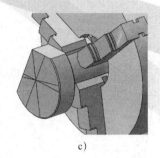

a)　　　　　　　　　　b)　　　　　　　　　　c)

图 5-17　不等分角度面加工顺序

a）划线　b）铣削 35° 角度面　c）铣削 80° 角度面

（2）选择工件装夹方式

选用 F11125 型分头度，采用三爪自定心卡盘装夹工件。考虑到工件找正角度面铣削位置时须以键槽为基准，但工件悬臂装夹伸出距离不宜过长（见图 5-18a），因此宜将键槽位置处于卡爪之间（见图 5-18b）。

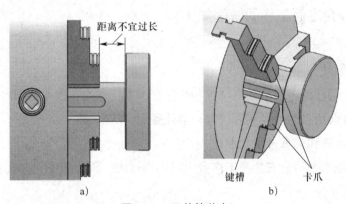

a)　　　　　　　　　　　　b)

图 5-18　工件的装夹

（3）选择刀具

根据图样给定的角度面所在圆柱面的长度尺寸 20 mm 选用立铣刀的规格，现选用直径为 28 mm 的锥柄中齿标准立铣刀。

（4）选择检测方法

1）角度面夹角测量借助分度头和百分表，如图 5-19 所示。

2）角度面与轴线的位置尺寸测量须先进行计算，按图样给定的角度面交线至轴线的尺寸 30 mm（e），由几何关系可以计算得到尺寸 e_1、e_2。然后借助百分表按计算所得尺寸 e_1、e_2 测量。本任务：

$$e_1 = 30 \text{ mm} \times \sin 35° \approx 17.21 \text{ mm}$$

$$e_2 = 30 \text{ mm} \times \sin 80° \approx 29.54 \text{ mm}$$

若借助键槽所在外圆测量角度面至外圆的尺寸为：

$$e_1' = （17.21-15）\text{ mm} = 2.21 \text{ mm}$$

$$e_2' = （29.54-15）\text{ mm} = 14.54 \text{ mm}$$

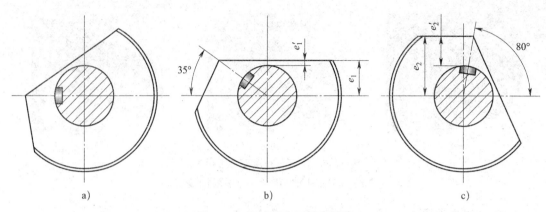

图 5-19　角度面位置精度测量

a）起始位置　b）35°角度面测量　c）80°角度面测量

若测得角度面中心位置及夹角正确，即保证了交点位置尺寸。

三、不等分角度面工件的铣削加工

1. 加工准备

（1）检验预制件

1）检验轴上键槽的宽度、槽底位置和对称度，本任务均在公差范围内。

2）检验角度面所在的外径实际尺寸，本任务为 74.95 mm。

（2）安装分度头和三爪自定心卡盘

将分度头主轴水平位置安装在工作台中间 T 形槽内，位置居中，并安装三爪自定心卡盘，如图 5-20 所示。

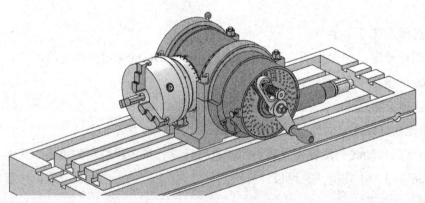

图 5-20　安装分度头和三爪自定心卡盘

（3）分度计算及定位插销的调整

1）计算分度手柄转数。以键槽中间平面为基准。

$$n_1 = \frac{\theta_1}{9°} = \frac{35°}{9°} = 3\,\frac{8}{9} = 3\,\frac{48}{54}$$

$$n_2 = \frac{\theta_2}{9°} = \frac{80°}{9°} = 8\frac{8}{9} = 8\frac{48}{54}$$

铣削 35° 角度面时，应先找正键槽处于一侧水平位置，然后分度手柄按 n_1 分度。铣削 80° 角度面时，应找正键槽处于另一侧水平位置，然后按 n_2 分度。

2）调整定位插销和分度叉。将定位插销调整到 54 孔数的孔圈，分度叉调整为 48 个孔距。

（4）装夹和找正工件

用百分表找正工件与分度头轴线的同轴度在 0.05 mm 以内。

（5）安装立铣刀

采用变径套安装立铣刀。

（6）选择铣削用量

按工件材料和铣刀的规格选择和调整铣削用量，调整主轴转速 $n = 235$ r/min（$v_c \approx$ 20 m/min），铣削速度 $v_f = 47.5$ mm/min（$f_z \approx 0.05$ m/z）。

2. 铣削加工

（1）工件端面划线

1）按用百分表测量对称度的方法找正工件键槽处于水平位置，并用游标高度卡尺在工件端面划水平中心线和垂直中心线，如图 5-21a 所示。

2）旋转 90° 将键槽处于垂直向上位置，按 30 mm 在键槽一侧划平行线得出斜面交线位置，如图 5-21b 所示。

3）按 n_1 与 n_2 分度（以键槽处于水平位置为起点），过交线位置划 35° 和 80° 角度面的参照线，并过中心线交点划出两角度面参照线的平行线，如图 5-21c、d 所示。

4）划线后，用游标卡尺复核角度面参照线与中心的距离应等于 e_1、e_2。

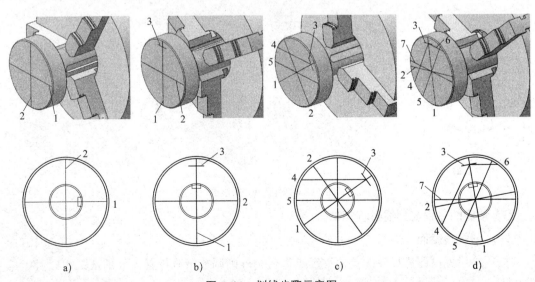

图 5-21　划线步骤示意图

（2）对刀

本任务确定用立铣刀端铣角度面，铣刀端面刃与工件外圆最高处擦边对刀，作为控制 e_1、e_2 尺寸的依据。

（3）粗铣及预检角度面

1）将工件键槽通过准确分度处于水平位置一侧，按 $n_1 = 3\frac{48}{54}$ 进行角度分度，使 35° 角度面参照线处于水平铣削位置，按 $\left(\frac{D}{2} - e_1\right)$ 调整工作台垂向，如图 5-22a 所示，为了预检需要，可留 0.5 mm 左右作为精铣余量，使铣出的角度面至工件中心的尺寸为 17.7 mm。粗铣 35° 角度面，如图 5-22b、c、d 所示。

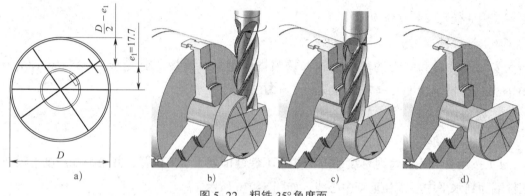

图 5-22　粗铣 35° 角度面

2）将工件键槽通过准确分度处于水平位置另一侧，按 $n_2 = 8\frac{48}{54}$ 逆时针进行角度分度，使 80° 角度面参照线处于水平铣削位置，如图 5-23a 所示，为了预检需要，也可留 0.5 mm 左右作为精铣余量，使铣出的角度面至工件中心的尺寸为 30 mm。粗铣 80° 角度面，如图 5-23b、c、d 所示。

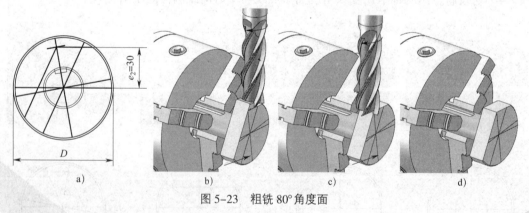

图 5-23　粗铣 80° 角度面

3）预检的过程与划线过程相似。

（4）精铣角度面

按预检尺寸与图样尺寸的差值移动工作台，准确调整精铣位置，分别精铣 35°、80° 角度面。

四、不等分角度面零件的质量检测和质量分析

1. 质量检测

（1）用百分表和分度头进行角度的检验。具体的操作过程与划线过程基本相同，所不同的是当工件的 35° 角度面处于水平测量位置时，用百分表测量角度面与工作台面的平行度，若测得平行度误差为 0.03 mm，角度面长度约为 23 mm，此时角度误差为：

$$\Delta\theta_1 = \arcsin\frac{0.03}{23} \approx 0.074\ 7° \approx 4'29''$$

角度误差在公差范围内。用同样的方法可以对 80° 角度面进行检验。

（2）因角度面至轴线的尺寸公差比较大，可用游标卡尺测量角度面至与之平行的轴线的尺寸，35° 角度面至轴线的垂直尺寸为 17.21 mm，85° 角度面至轴线的垂直尺寸为 29.54 mm。此时，角度面交线至轴线的尺寸为 30 mm。

（3）通过目测比对法进行表面粗糙度的检验。

2. 质量分析

（1）角度面夹角超差的可能原因有：划线错误或误差大、分度计算错误、分度时未消除分度机构传动间隙、铣削时未锁紧分度头主轴等。

（2）角度面交线位置尺寸误差过大的可能原因有：角度面夹角错误、角度面至工件轴线的尺寸计算错误、铣削位置调整失误等。

（3）角度面与工件轴线不平行的可能原因有：分度头主轴与工作台面不平行、用横向进给铣削时立铣头与工作台面不垂直等。

课题三　矩形外花键的铣削

一、花键连接简介

花键连接是两零件上等距分布且齿数相同的键齿相互连接，并传递转矩或运动的同轴偶件，即花键连接由带键齿的轴（外花键）和轮毂（内花键）组成。

花键连接是一种能传递较大转矩和定心精度较高的连接形式，在机械传动中应用广泛，机床、汽车、拖拉机等机械的变速箱内，大多用花键齿轮套与花键轴（见图 5-24）配合的滑移实现变速传动。

根据键齿的形状（齿廓）不同，常用的花键分为矩形花键和渐开线花键两类。由于矩形花键的齿廓呈矩形，容易加工，所以得到广泛的应用。矩形花键连接的定心（即花键副工作轴线位置的限定）方式有三种：小径定心、大径定心和齿侧（即键宽）定心，如图 5-25 所示。

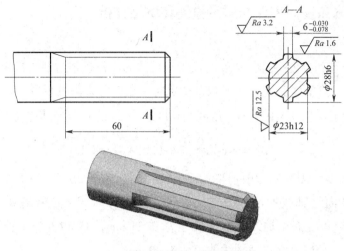

图 5-24　花键轴（外花键）

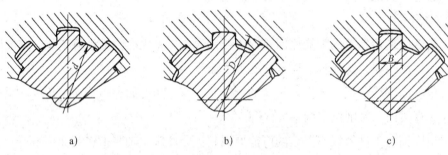

a)　　　　　　　　　　b)　　　　　　　　　　c)

图 5-25　矩形花键连接的定心方式

a）小径定心　b）大径定心　c）齿侧定心

我国现行矩形花键检测国标（GB/T 1144—2001）只规定了小径定心一种方式，因为小径定心稳定性好，精度高。

在普通铣床上，可加工修配用的大径定心矩形外花键，对小径定心的矩形外花键一般只进行粗加工。矩形花键的规格为 N（键数）× d（小径，mm）× D（大径，mm）× B（键宽，mm）。

二、矩形花键的工艺要求

1. 尺寸精度

键的宽度和花键的定心配合面尺寸是主要配合尺寸，精度要求较高。

2. 表面粗糙度

键的两侧面和定心配合面的表面粗糙度值一般要求为 $Ra3.2 \sim 0.2\ \mu m$。

3. 几何精度

（1）应保证外花键定心小径（或大径）与基准轴线的同轴度。

（2）应保证键的形状精度和等分精度。

（3）应保证键的两侧面与基准轴线的对称度和平行度。

花键的定心配合面的尺寸公差一般采用 f7 或 h7，键的宽度尺寸公差一般采用 f8 或 h8 和 f9 或 h9。

花键位置偏差（对称度和等分误差）的最大允许量：一般用花键为 0.010 ~ 0.018 mm，精密传动用花键为 0.006 ~ 0.011 mm。

三、矩形外花键的质量检测

对于单件、小批加工而言，外花键各要素偏差的检测一般采用通用量具进行。

（1）外花键的键宽及小径尺寸用千分尺或游标卡尺检测，如图 5-26 所示。

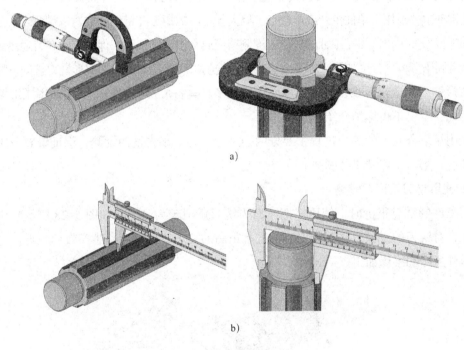

a)

b)

图 5-26 外花键键宽及小径尺寸检测

a）用千分尺测量 b）用游标卡尺测量

（2）外花键的等分精度由分度头精度保证，必要时可用百分表检验外花键键侧的对称度。外花键键侧对其轴线的对称度的检测方法如图 5-27 所示，方法是将花键的一个键侧置于水平位置，用杠杆百分表检测键侧 1 的高度，再转过 180° 检测同一键齿的另一键侧 2 的高度。若高度一致，说明两键侧对称。

四、花键轴工件的装夹和校正

花键轴工件用分度头与尾座两顶尖或三爪自定心卡盘与尾座顶尖装夹。然后用百分表对工件进行校正。对细长的工件，在校正之后还应在长度的中间位置下面用千斤顶支承。

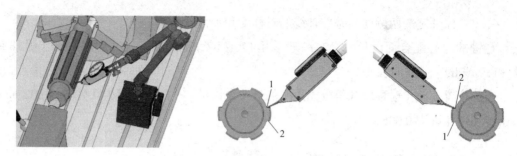

图 5-27　外花键键侧对称度检测

五、矩形外花键的铣削加工

外花键的加工方法应根据零件的数量、技术要求及设备和刀具等具体条件确定。用铣床铣削花键轴主要适用于单件生产或维修加工以大径定心的矩形花键轴，或对以键侧定心的矩形花键轴进行粗加工，这类花键轴的外径或键侧精度通常由磨削加工来保证。常在普通卧式或立式铣床上利用分度头分度加工，加工方法有单刀铣削、组合铣刀铣削和成形铣刀铣削三种。

成形铣刀制造较困难，只有在零件数量较多且具备成形铣刀条件下才使用成形铣刀铣削，因此，本书不再详细介绍。

铣削矩形外花键的加工过程主要分两步进行：第一步先铣两键侧，保证键宽及键齿的几何精度；第二步修铣小径圆弧。

1. 使用单刀铣削两键侧

当工件的数量很少时，使用一把三面刃铣刀铣削较为简便，如图 5-28 所示。用此方法加工，对铣刀的直径及铣刀的安装都没有很高的要求，但缺点是生产效率较低，主要适用于单件生产和维修加工。

图 5-28　使用一把三面刃铣刀铣外花键两键侧

（1）工件的装夹找正与铣刀的选择

工件采用一夹一顶或两顶尖装夹，并需检测工件两端的径向圆跳动，保证工件上素线与工作台面平行及侧素线与工作台纵向进给方向平行。

对齿数少于 6 齿的外花键，一般无须考虑铣刀的宽度。当齿数不少于 6 齿时，为了避免铣伤邻齿，三面刃铣刀的宽度应小于小径上两齿间的弦长，如图 5-29 所示，其宽度可按下式选择：

$$B \leqslant d\sin\left(\frac{180°}{z} - \arcsin\frac{b}{d}\right)$$

式中　B——三面刃铣刀的宽度，mm；

　　　　z——花键键齿数；

　　　　b——花键键宽，mm；

　　　　d——花键小径，mm。

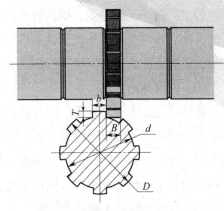

图 5-29　单刀铣键侧时三面刃铣刀宽度的确定

（2）对刀方法

1）划线。单刀铣键侧时，一般采用划线法对刀，如图 5-30 所示。即先将游标高度卡尺调至比工件中心高半个键宽，在工件圆周和端面上各划一条线；通过分度头将工件转过 180°，将游标高度卡尺移到工件的另一侧再各划一条线；检查两次划线之间的宽度是否等于键宽，若不等，应调整游标高度卡尺重划，直至宽度正确为止；然后通过分度头将工件转过 90°，使划线部分外圆朝上，用游标高度卡尺在端面上划出花键的深度线 $T=（D-d）/2+0.5$ mm。

图 5-30　外花键划线的方法

2）对刀。如图 5-31 所示，将三面刃铣刀的侧刃距键宽线一侧 0.3 ~ 0.5 mm 对刀，开动机床上升工作台，使铣刀轻轻划着工件后，调整铣削接触弧深至 T。铣出第一个键侧，将直角尺尺座紧贴工作台面，长边侧面紧贴工件的侧素线，用游标卡尺测出该键侧到直角尺的水平距离 s，s 理论值见下式：

$$s = \frac{D-b}{2}$$

式中　D——花键大径，mm；

　　　　b——花键键宽，mm。

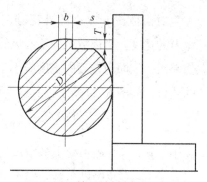

若实际值小于理论值，横向补充一个进刀量等于其差值，铣后再测一次，达到正确值后，锁紧工作台横向进给，依次分度铣出各齿同一齿侧。

（3）铣键侧的方法

如图5-32a所示，完成一侧的铣削后将工作台横向移动一个距离A，铣削键的另一侧。试铣一刀，测量键宽实际尺寸，根据实际误差进行调整，将键宽铣至准确值后，锁紧工作台横向进给，依次分度铣出各齿另一侧。工作台移动距离 A 按下式计算：

图5-31　单刀铣键侧对刀方法

$$A = L + b + （0.3 \sim 0.5） \text{mm}$$

式中　L——三面刃铣刀的宽度，mm；

　　　b——外花键键宽，mm。

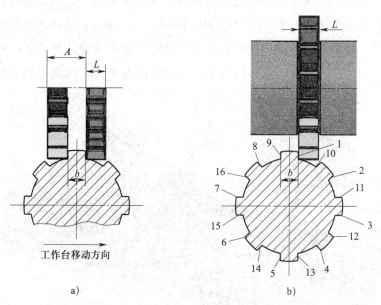

图5-32　单刀铣外花键键侧的方法

a）铣另一键侧时的调整　b）单刀铣键侧的铣削顺序

用这种方法加工时，对刀和移距的准确程度将直接影响键宽的尺寸精度和两键侧相对于工件轴线的对称度。铣削顺序如图5-32b所示。

2. 使用组合铣刀铣削两键侧

（1）工件的装夹找正与铣刀的选择

用组合铣刀铣削外花键键侧，装夹与找正的方法与单刀铣键侧完全相同。由于两把铣刀可同时铣出一个齿的两个侧面，如图5-33所示，在小批多件加工时，不仅效率高而且操作简便。但在选择和组合铣刀时应注意以下两点：

1）选择的两把三面刃铣刀必须规格相同、直径相等（最好一次一起磨出）。

2）组合时，应使两铣刀内侧刃间的距离等于花键键宽，以保证铣出的键宽符合规定的尺寸要求。

（2）对刀与加工的方法

1）对刀与加工方法。用组合铣刀铣削外花键键侧时，一般采用试件试切对刀调整，如图 5-34 所示。

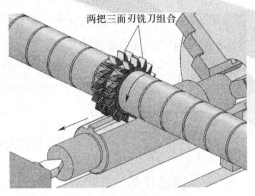

图 5-33　组合铣刀铣键侧

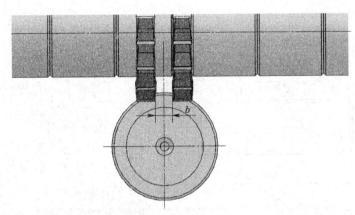

图 5-34　试切对刀

先用前面介绍过的方法在试件上划出键宽线，用目测法使组合铣刀的两内侧刃分别与键宽线对正，试铣一刀；然后分别检测试件的键宽及两键侧相对轴线的对称度是否符合要求。若键宽不符合要求，则根据误差调整两铣刀间的垫圈厚度。

2）两键侧对称度检测。对称度用百分表检测，如图 5-27 所示，若高度一致，说明两键侧对称。若不等高，则根据键侧 1、2 高度差的一半，重新调整工作台横向位置，调整方向是将高的一侧向同侧切削刃移动。调整后将试件转过一个齿距继续试切、测量。合格后，换上正式工件进行铣削。

3. 修铣外花键小径圆弧

对于以大径定心的外花键而言，其小径的精度要求较低，一般只要不影响其装配和使用即可。小径圆弧的修铣一般可用锯片铣刀或成形铣刀来进行，此处只介绍锯片铣刀的加工方法，如图 5-35 所示。

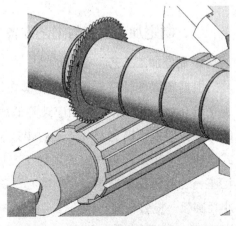

图 5-35　用锯片铣刀修铣外花键小径圆弧

在单件加工时，键侧铣好后，槽底的凸起余量可用装在同一铣刀杆上、厚度为 1.5 ~ 3 mm 的细齿锯片铣刀修铣成圆弧。

单刀铣削大径定心矩形外花键

一、训练任务

用一把三面刃铣刀铣削如图 5-36 所示的外花键。毛坯材料为 45 钢，毛坯来源为车削预制件。

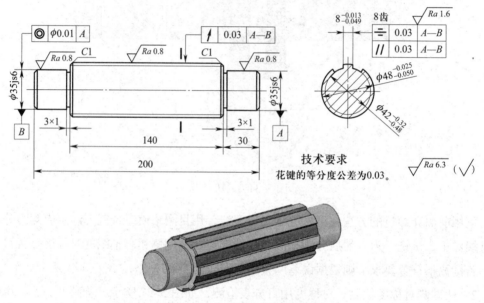

图 5-36　大径定心矩形外花键

二、制定加工工艺与工艺准备

1. 制定加工工艺

根据图样的精度要求，此花键在铣床上只能做粗加工，键宽与小径应留有磨削加工余量 0.3 ~ 0.5 mm，并相应地降低加工精度等级。本任务键宽与小径均留有磨削余量 0.4 mm，即粗铣键宽 $b' = (8.4 \pm 0.05)$ mm，小径 $d' = (42.4 \pm 0.1)$ mm。花键粗加工在卧式铣床上采用三面刃铣刀铣削加工，加工工艺过程：检验预制件→安装和找正分度头、尾座→装夹和找正工件→安装铣刀→划线、对刀→试铣削键一侧→铣削键另一侧→铣削小径圆弧→检验花键。

2. 工艺准备

（1）选择铣床

选用 X6132 型卧式铣床。

（2）选择工件装夹方式

选用 F11125 型万能分度头分度，采用三爪自定心卡盘与分度头尾座顶尖一夹一顶的方式装夹工件。工件下料时坯件长度增加 20 mm，以免加工时铣刀碰伤卡爪。坯件两端应钻中心孔。

（3）选择刀具

1）选择铣削键侧的铣刀。为了避免铣伤邻齿，三面刃铣刀的宽度 B 应小于小径上两齿间的弦长，按图样给定的数据：

$d = 42$ mm，$d' = 42.4$ mm；$b = 8$ mm，$b' = 8.4$ mm（0.4 mm 是小径和键宽的磨削余量）

$$B \leqslant d' \sin\left(\frac{180°}{z} - \arcsin\frac{b'}{d'}\right) = 42.4 \sin\left(\frac{180°}{8} - \arcsin\frac{8.4}{42.4}\right)$$

$$\approx 8.14 \text{ mm}$$

按铣刀标准，选择 63 mm × 22 mm × 8 mm 标准直齿三面刃铣刀。

2）选择铣削小径圆弧的铣刀。选用 63 mm × 22 mm × 1.5 mm 的标准细齿锯片铣刀，每铣一刀转动一个小角度，逐步铣出小径圆弧，铣削后花键槽底留有磨削余量，采用花键磨床磨削小径圆弧。

（4）选择检测方法

键宽尺寸用 0 ~ 25 mm 的外径千分尺测量检验；键侧与轴线的平行度、键宽对轴线的对称度测量与检验均在铣床上借助分度头分度，用带座的百分表检验；测量对称度时将键侧置于水平位置，然后采用 180° 翻身法测量检验；因为花键齿数为偶数，所以小径尺寸可用 25 ~ 50 mm 的外径千分尺测量检验。

三、大径定心矩形外花键的粗铣加工

1. 加工准备

（1）检验预制件

预制件为车削加工好的台阶轴，经检验，花键外圆直径为 47.96 mm，其他尺寸及几何公差均在图样规定的公差范围内。

（2）安装分度头和尾座

安装时注意底面和定位键侧的清洁度，并在旋紧紧固螺栓时用手向定位键贴合方向施力。尾座顶尖的距离按工件长度确定，伸出距离要尽可能小一些，以增强尾座顶尖的刚度。按工件 8 齿等分数调整分度盘、定位插销位置和分度叉展开角度。本任务选用 $n = \frac{40}{z} = \frac{40}{8} = 5$ 转（因为是整圈数，所以任意孔圈都可以）。

（3）装夹和找正工件

用三爪自定心卡盘和分度头尾座顶尖一夹一顶装夹工件后，用百分表找正上素线与工作台面平行、侧素线与纵向进给方向平行，找正工件与分度头轴线的同轴度在 0.03 mm 以内。

（4）安装铣刀

根据铣刀孔径选用 $\phi22$ mm 铣刀杆，三面刃铣刀和锯片铣刀安装的位置大致在铣刀杆长度的中间，并应有一定的间距，铣削时互不妨碍，如图 5-37 所示。因铣刀杆直径比较小，铣削时容易发生振动，在安装悬梁和支架后，应注意调节刀杆支架支承轴承的间隙并加注润滑油。

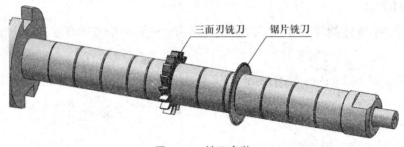

图 5-37 铣刀安装

（5）选择铣削用量

按工件材料和铣刀规格选择铣削用量，调整主轴转速 $n=95$ r/min（$v_c \approx 19$ m/min），铣削速度 $v_f=47.5$ mm/min（$f_z \approx 0.03$ mm/z）。在粗铣键侧面时，主轴转速可调低一挡，在用锯片铣刀铣削圆弧时，主轴转速和铣削速度均可以调高一挡。

2. 铣削加工

（1）划线、对刀

采用如图 5-30 所示的方法在毛坯外圆表面及端面划出第一个键齿的两侧参照线，并将三面刃铣刀移动至键宽线一侧 0.3 ~ 0.5 mm，然后开动机床上升工作台，使铣刀轻轻划着工件对刀。

（2）调整铣削长度

该花键轴上花键的结构在圆柱面上虽然是贯通的，但受到装夹位置的限制，铣削终点位置应在铣刀中心刚过花键靠近三爪自定心卡盘一侧的台阶端面为宜，并应注意不能铣到三爪自定心卡盘的卡爪。

（3）试铣键的一侧并预检

横向移动工作台使工件退出铣刀，按图 5-38 所示调整键齿铣削深度 $T=$（48-42.4）mm/2+0.5 mm=3.3 mm。按 3.3 mm 上升工作台调整键齿深度，手动纵向试铣键的一侧至一定长度，试切后用直角尺检测键侧的实际位置，测得尺寸 $s=19.94$ mm，此数值小于理论值，根据差值调整工件位置直至达到正确值后，锁紧工作台横向进给，机动进给铣削键齿一侧全长。

铣削完成一个键齿一侧后，按等分要求，依次铣削各键齿的一侧，如图 5-39 所示。

图 5-38　试铣键齿的一侧

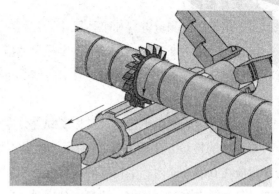

图 5-39　完成各键齿一侧键侧铣削

（4）铣削键的另一侧

完成键齿同一侧面的铣削后，将工作台横向移动一个距离 $A=L+b+0.5$ mm $=8$ mm $+$ 8 mm $+0.5$ mm $=16.5$ mm，铣削键齿的另一侧，如图 5-40 所示。通过试铣，测量、调整键宽尺寸，使之符合图样尺寸要求。然后，锁紧工作台横向进给，依次分度铣出各键齿另一侧。

（5）铣削小径圆弧

先将铣刀对准工件的中心（见图 5-41a），然后将工件转过一个角度，调整好切深，开始铣削槽底圆弧（见图 5-41b、c）。每完成一次走刀，将工件转过一个角度后再次走刀，每次工件转过的角度越小，修铣走刀的次数就越多，槽底就越接近圆弧。

图 5-40　移距后铣键齿的另一侧

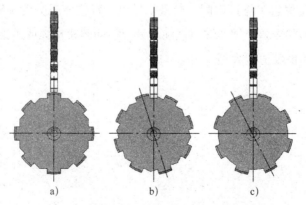

a)　　　　　　b)　　　　　　c)

图 5-41　用锯片铣刀铣削外花键槽底圆弧

a）锯片铣刀对刀位置　b）、c）锯片铣刀周向铣削位置

四、大径定心外花键的质量检测和质量分析

1. 质量检测

（1）用千分尺测量键宽和小径尺寸

键宽尺寸应为 8.35 ~ 8.45 mm，小径尺寸应为 42.39 ~ 42.41 mm。测量操作时，应注意在花键全长内多选几个测量点，且对各键都进行测量，测量数据可记录下来，以便进行合格判断和质量分析。

（2）用百分表测量平行度、对称度和等分度误差

对称度的检验方法如图 5-27 所示，测量点可在键侧全长内多选几点，百分表的示值变动量应在 0.03 mm 内；平行度的测量也可用同样的方法进行，各键侧测量时百分表的示值变动量均应在 0.03 mm 内。测量等分度时，应注意按原分度方向进行，以免传动间隙影响测量精度。

（3）通过目测比对法进行表面粗糙度的检验

对槽底圆弧，应目测其多边形折线的疏密程度，若多边形明显，则可认为表面粗糙度不合格。另外还应目测键侧是否有微小的碰伤情况。

2. 质量分析

（1）在采用三面刃铣刀铣削外花键时，由于铣削操作上的失误，如键的一侧加工后横向移动距离计算错误、横向调整不准确、预检测量有误差、试切调整键侧对称度和键宽时余量控制不合理、分度不准确等原因，均可能引起花键键宽尺寸超差和等分度误差。

（2）在安装找正分度头、装夹找正工件时，由于测量及操作上的失误和不准确，如分度头尾座的顶尖轴线与工作台面和进给方向不平行、尾座顶尖轴线与卡盘轴线不同轴、工件装夹后与分度头同轴度较差、尾座顶尖顶得较松等原因，可能会引起花键等分度、平行度和对称度超差。

（3）采用锯片铣刀铣削花键槽底小径圆弧时，操作上的失误会引起较大的加工误差。如铣削起点和终点位置过于靠近键侧，会碰伤键侧；每铣一刀分度头转过的小角度较大，会引起较大的表面形状误差；锯片铣刀铣削时铣刀径向圆跳动大或进给量过大，加工表面出现振纹，使表面粗糙度值过大等。